知识生产的原创基地
BASE FOR ORIGINAL CREATIVE CONTENT

颉腾商业
JIE TENG BUSINESS

WEBS OF INFLUENCE

THE PSYCHOLOGY
OF ONLINE PERSUASION

网络心理学

销售的秘密

[美] 娜塔莉 · 纳海（Nathalie Nahai）著
麦吉 译

华龄出版社
HUALING PRESS

图书在版编目（CIP）数据

网络心理学：销售的秘密 /（美）娜塔莉·纳海（Nathalie Nahai）著；麦吉译 . -- 北京：华龄出版社，2024.4

ISBN 978-7-5169-2725-0

Ⅰ . ①网… Ⅱ . ①娜… ②麦… Ⅲ . ①网络营销—推销心理学 Ⅳ . ① F713.365.2

中国国家版本馆 CIP 数据核字（2024）第 070007 号

北京市版权局著作权合同登记号　图字：01-2024-1746 号

策　　划　颉腾文化　　　　责任印制　李未圻
责任编辑　田　旭　　　　　装帧设计　王建敏

书　　名　网络心理学：销售的秘密
作　　者　［美］娜塔莉·纳海
译　　者　麦吉
出版发行　华龄出版社 HUALING PRESS
社　　址　北京市东城区安定门外大街甲 57 号　　邮　编　100011
发　　行　（010）58122255　　传　真　（010）84049572
承　　印　涿州市京南印刷厂
版　　次　2024 年 4 月第 1 版　　印　次　2024 年 4 月第 1 次印刷
规　　格　640mm×910mm　　开　本　1/16
印　　张　14　　字　数　180 千字
书　　号　ISBN 978-7-5169-2725-0
定　　价　79.00 元

致亲爱的读者

愿本书能在工作中伴你左右，帮助你建立更好的商业体系和更以人为本的线上互动。

PRAISE | 赞誉

在联合利华，我们在过去的几年里一直与娜塔莉合作，她运用深刻的洞察力和专业知识，让我们的沟通方式发生了质的变革。这使我们能够与消费者建立更紧密的关系，从而推动销售。

——乔·科米斯基（Joe Comiskey），联合利华电子商务创新部门

阅读本书是一次神奇的心理学之旅。这本书结合了深入的研究和实践指导，揭示了在线设计、营销和销售背后隐藏的技巧。学习本书，你可能再也不会以相同的视角看待互联网了。

——杰夫·怀特（Geoff White），英国第四频道新闻台

娜塔莉为我们提供了独特的洞察和理解，以努力应对这个虚拟化程度越来越高的世界——我们如何在虚拟世界中影响他人，如何在其中获得收益，这是我们所有人进行数字化转型的必读之书。

——约书亚·马赫特（Joshua Macht），《哈佛商业评论》出版人兼执行副总裁

如果你从事数字营销工作，这就是你一直在寻找的书。

——斯坦尼斯拉斯·麦格尼安特（Stanislas Magniant），
可口可乐公司西欧区线上营销总监

这是一本关于网上说服艺术和科学的行业权威指南，娜塔莉整合了最新的神经科学研究，并教会我们如何激励用户积极参与在线互动。

——莎拉·摩尔（Sarah DeRocher Moore），
Spredfast 公司品牌营销副总裁

这是一次精彩绝伦、开阔思路的网上说服力探索。

——肖恩·帕里什（Shane Parrish），
网站创始人

这是我最推荐的关于说服力的书，由我最喜欢的专家之一娜塔莉·纳海所写。这本书是给我们整个行业的礼物，它内容全面，易于理解，充满精彩的见解。

——尼尔·埃亚尔（Nir Eyal），作家

娜塔莉教你用一双全新的眼睛看待互联网，她的知识和热情渗透到了本书的字里行间，能帮助你的团队"像用户一样思考"。她的真知灼见已经助力我们取得了很大的成功，更重要的是，她帮助我们开始以正确的方式思考为用户提供的体验。

——苏珊娜·爱丽丝（Susannah Ellis），能源网站 uSwitch 产品负责人

这本书是对网站设计心理学知识的精彩总结，如果你正在筹划或设计一个网站，这本书是必读之作。

——苏珊·魏因申克（Susan Weinschenk），首席行为科学家

娜塔莉将互联网行为的影响力以及它如何影响品牌的可靠性、独创性和整体营销阐述得非常到位，这对所有企业都非常实用。

——托比·丹尼尔斯（Toby Daniels），

Crowdcentric 公司 CEO 兼联合创始人

娜塔莉·纳海将心理学研究转化为对网页设计师的实用建议，在这一点上她无人能及，每个市场营销人员都需要这本书。

——罗杰·杜利（Roger Dooley），《脑力》（*Brainfluence*）作者

这是一本非常实用的指南，可以帮助你将行为研究应用到在线业务中，书中充满了引人入胜的真实示例和实用技巧。

——卡罗琳·韦伯（Caroline Webb），麦肯锡资深顾问

娜塔莉的这本书是非常难得的，不仅研究充分，最重要的是非常实用。如果你能很好地吸收并应用书里的方法和实例，那么你的营销和设计工作将得到永久性的提升。

——兰德·菲什金（Rand Fishkin），Moz 创始人

这本书对于那些想应用行为洞察来改善数字化形象的人来说，是绝佳的必读之作。

——乔·德夫林博士（Joe Devlin），

伦敦大学学院首席心理实验专家

这本书提供了心理如何驱动在线行为以及我们应该如何利用它的最简单、最直接的见解！

——马丁·埃里克森（Martin Eriksson），

Mind the Product 运动联合创始人

CONTENTS | 目录

1 PART

第一部分
了解你的目标用户

决策心理学

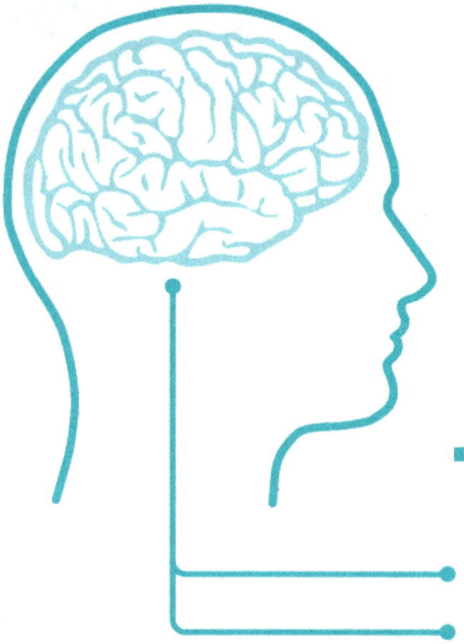

单凭认知本身无法产生行动，认知系统必须通过情感系统才能影响到行为。

——行为经济学家柯林·卡密尔（Colin Camerer）等人

我们大脑本能的、自动的反应常常会产生偏见并影响我们的决策行为。

偏见与影响

1 SYSTEM

系统 1
快速的
感性的
潜意识的
直觉的
自动的
人体本能的

2 SYSTEM

系统 2
慢速的
分析的
有意识的
费力的
有意的
理性的

个性特征

可塑性

开放性

对知识好奇的
寻求新奇的
创新的
有想象力的
冒险的
独立的
愿意考虑不同意见的
自我认知的

外向性

享受陪伴的
有活力的
合群的
乐观的
温暖的
果断的
有野心的
寻求刺激的

稳定性

责任性

自律的
有组织的
可靠的
顽强的
持续的
小心的
有条理的
自控的

亲和性

共情的
合作的
受人喜爱的
关心他人的
有同情心的
热情的
谦卑的
对情感有回应的

文化特性

霍夫斯泰德 (Hofstede) 的 6 大维度

特性	得分	国家或地区

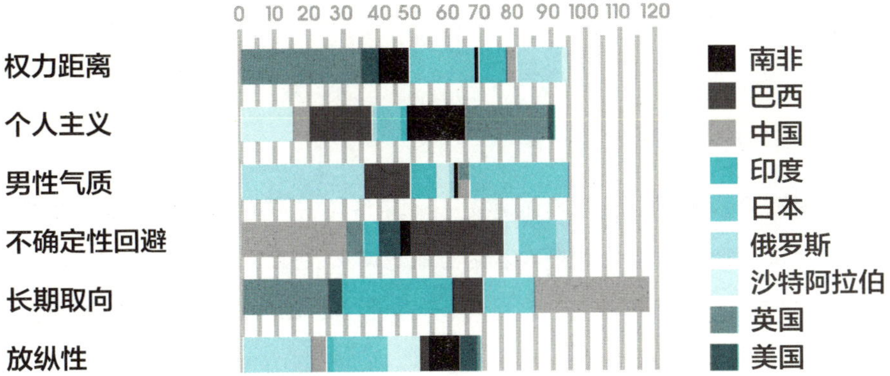

性别差异

行为

情绪稳定性

控制脾气
不易生气
自信
坚强
冷静
放松
不情绪化
能应对挫折

女性更可能

- 提供不准确的个人信息
- 阅读网站的隐私政策并据此更改个人设置
- 匿名发表博文

- 发布低调的照片
- 搜寻健康类信息
- 在社交平台更活跃

男性更可能

- 玩网络游戏
- 在线赌博，进行其他在线娱乐
- 英美地区的男性更执着于在线购物

- 研究产品
- 习惯在社交平台上暴露自己的电话号码和公司地址
- 会更多地下载音乐和视频

第 1 章
引言

对许多人来说，互联网不再是一种奢侈品，而是一种必需品；它已成为经济、政治、文化和个人表达与赋权的必要组成部分。

——韦泽（E. B. WEISER），心理学家

由于我们日常的许多活动都在网上进行，企业如今越来越难以吸引、保持并转化日益分散的客户注意力。那些了解客户需求并能以无障碍方式提供解决方案的品牌最终取得了成功。无论你的业务是什么，无论你的目标用户是谁，想要在网上取得成功，必须满足以下三个基本原则：

1. 了解你的目标用户

了解影响受众决策过程的普遍因素、文化因素和个人因素。

2. 说服性沟通

了解如何运用语言、非语言暗示和视觉设计与目标受众进行有效沟通。

3. 诚信销售

运用心理学说服原则来促成（而不是强迫）与你的客户达成互惠的结果。

这就是本书的三个部分。在每个部分中你都会找到前沿的思想和研究、应用的真实案例，以及在业务操作中的具体行动指南。

第 2 章
决策心理学

单凭认知本身无法产生行动，认知系统必须通过情感系统才能影响到行为。

——行为经济学家柯林·卡密尔等人

虽然我们会很自然地认为我们的决策是基于理性的，但近年来越来越多的证据反驳了这一观念，这使我们许多人对上述说法产生了怀疑。大量的研究和理论表明，我们的决策实际上可能受到情感的显著影响并会造成偏见。

其中被广泛引用的理论之一是由神经科学家安东尼奥·达马西奥(Antonio Damasio)提出的语义标记假设，该假设提供的证据表明，大脑中某些亚皮质区域对我们做出的决策具有情感权重影响。鉴于那些在该脑结构上有损伤的人在做出某些类型的决策时会出现能力缺失，许多人认为这些发现意味着情感因素是所有决策行为中必不可少的因素，然而实际情况要复杂得多。

一个大脑，两套系统

丹尼尔·卡尼曼 (Daniel Kahneman) 是一位心理学家，曾获诺贝尔奖。他在《思考，快与慢》(*Thinking Fast and Slow*) 一书中提出，我们的大脑依赖于双核心系统来处理信息和做出选择。他将第一个系统描述为自动（情感）系统，将第二个系统描述为控制（认知）系统。这两个系统可以通过它们在大脑中发挥作用的位置粗略地区分，并共同构成我们决策的主要依据。如果我们了解每个系统的工作原理，我们就可以利用这些知识做出更好的决策并影响身边人的决策。

根据卡尼曼的观点，系统 1（快速思维）是直觉性的、自动的，并且通常在我们的潜意识下运作。在这个潜意识的状态中，我们会经历不同的情感状态，其中许多情感状态会激发冲动的反应和感觉，比如饥饿、恐惧、性欲和疼痛。这些状态甚至会影响我们感知和记忆事物的方式，并影响从我们的学习能力到我们追求的目标之间的各个方面。

心理学家扎荣茨 (Zajonc) 解释说，这和驱使我们接近或避开某些事物的过程是相同的——这种决策对我们的生存至关重要。正是这个系统能“察觉”到我们的伴侣情绪不好，或者在看到有孩子冲上马路时本能地猛打一把方向盘。这是我们的直觉，我们的第六感，并且它几乎影响着我们所做的一切。

系统 2（慢速思维）则更加具有分析性和理性，这是我们理解世界的模式。这是我们有意识地解决数学题或填写纳税申报表的系统，使用它通常需要费很大的力气。我们倾向于认为系统 2 掌控着一切，但它本质上是一个“懒惰”的系统，你必须有意识地选择它愿意关注和忽略的事物——我们不能始终有意识地分析每件事情。事实上，当我们的自发反应过程被打断时，这种缓慢、有控制的系统往往就会介入。它往往发生在经历强烈波动的内心状态时（比如有人偷走了你的钱包，你感到愤怒），或者在遇到意外事件时（比如你的婆婆没打招呼就来访，而你不得不面带微笑），或者在面对明确的挑战时（比如解决周日报纸上难解的填字谜题）。

在我们做决策的时候，系统 1 会持续产生感觉、直觉和意图，如果系统 2 认可这些感觉、直觉和意图，它会将其转化为想法和行动。这种相互作用会一直运作良好直到碰见我们的大脑需要对一些违背人类认知的事物（比如一只会飞的猪）或需要更多认知注意力的情况（比如年终总结报告）做出反应。在这种情况下，系统 2 会介入，帮助我们权衡事实（猪不能飞，这肯定是幻觉）并做出适当的回应（一笑置之）。

尽管我们希望自己是理性的，但实际上，快速、自动的系统 1 才是我们头脑的主导者。系统 1 依赖启发式（认知规则）来减少输入信息的复杂性，并加快我们的决策过程，这在大多数情况下都很有效。例如，在做出一般决策时，采用“一分钱一分货”的原则通常是有用的，但在缺乏系统 2 这个更加理性的方法的情况下，我们的自动决策过程有时可能会受到偏见的影响。

以经济学中的“理性选择理论”（Rational Choice Theory）为例，它认为人是理性的行为者，能通过仔细权衡给定情况中涉及的所有信息、风险和概率来做出合乎逻辑的决策。如果事实如此，这就意味着像引诱性定价（Decoy Pricing）这样的策略在现实生活中对我们做出财务决策不应产生任何影响，因为数字是绝对理性的。然而，研究表明，不仅当时的情境和环境会影响我们对事实的感知，还会显著影响我们随后做出的决策。

例如，想象一下，你的朋友让你去买一些牛肉馅来做意大利肉酱面。你去了肉店，看到有两个选项：“75% 瘦肉”和“25% 肥肉”。敏锐的人可能已经注意到在数学上这两个选项是相同的。然而，研究表明，我们更有可能选择“75% 瘦肉”这个选项，仅仅是因为我们对“瘦”这个词有积极的联想。那么是什么原因导致了这种现象呢?

信息从来都不能脱离其被传递或接收的环境，在我们自身的配合下，环境中还有许多因素会影响我们的决策。例如，我们倾向于更多关注那些容易想起来的信息（可得性启发式），我们通常会给予与个人相关或情感鲜明的记忆更大的权重——这就是故事拥有强大感染力的原因。我们也倾向于寻找增强自尊心的信息（自我服务偏见），并加强我们现有的世界观（确认偏见），所有这些都可能极大地影响我们对营销信息的反应以及随后的购买决策。

无论我们是否愿意接受这个现实，事实就是我们的决策受到了许多因素的影响，其中有些因素超出了我们的意识和控制范围。当然，这也意味着，如果我们能理解这些原则如何起作用和为何起作用，我们也可以在线上使用这些原则来帮助我们去塑造他人的行为。

第 3 章
你的目标用户

你的个人核心价值观定义了你是谁，而一个公司的核心价值观最终定义了公司的品质和品牌。

——Zappos 创始人谢家华

在成功锁定目标受众之前，你首先需要清楚地了解你的业务价值观、目标和自我身份认同。如果你从未制定过营销策略，或者已经有一段时间没有更新现有的策略，你可能会发现完成以下练习会很有帮助。

请花一些时间仔细考虑以下每个问题。你提供的答案（尤其是涉及目标市场的问题）将直接决定你如何运用本书中的原则来影响并成功地与你的在线受众互动。

作为一家企业，你的定位是什么？

1. 作为一个人，你的核心价值观是什么？
2. 是什么促使你创办 / 加入这家企业？
3. 你的企业的核心价值观是什么？
4. 你解决了用户哪些具体需求，以及你是如何解决的？

5. 你的企业的主要目标是什么？
6. 你的竞争对手是谁？
7. 你与竞争对手有何不同？
8. 你的服务 / 产品有何独特之处？
9. 如果你不提供这种服务 / 产品，会发生什么？
10. 你希望从本书中获得什么？（例如，赚更多的钱，扩大市场份额，成为你所在领域的关键影响者。）

你的目标市场在哪里？

1. 是什么促使你的用户选择你？
2. 你的服务 / 产品的目标用户的年龄范围是什么？
3. 哪个性别的用户对这种服务 / 产品最感兴趣？
4. 你的潜在用户的收入水平是多少？
5. 你的服务 / 产品对他们来说是必需品还是奢侈品？
6. 他们将如何使用这种服务 / 产品？
7. 你的用户最看重什么？（易获得性？低价格？个性化关注？特殊功能？）
8. 这些用户是冲动购买，还是理性购买？
9. 他们从哪里获取决策信息？（通过口碑传播、评论网站、广告、专家或名人推荐等？）
10. 你的用户在哪里？（本地？全球？）

在确定了企业的关键特点和目标受众的潜在画像后，让我们来看看在更广泛的文化和个体差异背景中，决策系统是如何发挥作用的。

第 4 章
文化特征

那些能更好地了解在线受众喜好的设计师更有可能在竞争激烈的互联网市场取得成功。

——心理学家黛安·赛尔（Dianne Cyr）等人

无论你是否能意识到，你的文化属性构成了你的行为、思想甚至感情的基础。它影响和塑造了你所说的语言、欣赏的艺术和听的音乐。文化塑造了你遵循的社会规范、表达的态度和拥有的信仰。简而言之，它作为“一套共享的价值观，影响着社会的认知、态度、偏好和反应”。

无论你去到世界上的任何一个社区，你都会发现人们在相互分享和传播他们的文化，从而塑造着未来几代人的价值观和行为。正是这种重要的文化传承过程区分了社会与社会间的不同，而你对这些文化敏感性的洞察力将决定你在这些市场中能够发挥多大的影响力。

本地化与适应性

简而言之，多样性能促进销售。

——社会学家罗兰·罗伯逊（Roland Robertson）教授

如今地球上有将近一半的人已经联通网络。全球电子商务网站、网上银行和实时翻译应用软件的广泛采用表明，我们正朝着一个地理和语言差异不再像过去那样成为障碍的世界迈进。尽管许多人抨击全球化的崛起是文化多样性的死亡之音，但这一现实还没有实现（是的，无论你在哪个地方工作，比如柏林或上海，你都可能买到同样的大豆星冰乐，但你更有可能在搜到一家绝妙的本地餐厅之前，永远都不会知道它的存在）。事实上，在许多情况下，正是这种对网络的共同访问使得正在消失的传统和语言得以复兴，让我们能够为后代记录并保留文化的多样性。

虽然互联网无疑促进了文化传承的发展，但在那些已成功适应全球化的社区中，我们可以观察到一种有意思的互联效应。许多群体并未让自己的文化完全服务于当下在线的单一主流文化中（正如一些人预测可能会发生的那样），相反，他们吸纳了这些外来的工具、产品和服务，并利用它们来满足自己特定的需求。一些大型企业开始利用这种现象，不管是为了适应特定的习俗、人们的偏好还是更符合当地的法律。像优步（Uber）这样的公司正在构建可以在每个市场上都使用具有本地特色的在线服务系统，这给予他们的员工更大的自主权，可以为各自的城市定制服务。

这种调整产品以满足本地市场需求的过程是品牌全球化成功的关键因素之一，通常被称为全球本地化。一些最成功的公司多年来一直在采用这种方法，通过调整他们的产品、服务和网站来满足特定市场的需求。关于品牌建设，早在 1995 年就有研究记录了这种策略的有效性，随后的研究也进一步支持了这样的观点："建立一个单一的、在全球范围内都能吸引人的网站似乎是不现实的，考虑到不同文化 / 消费者之间的差异，更好的策略可能是创建面向特定文化和消费者的网站"。

黛安·赛尔（Dianne Cyr）教授在这个领域进行了大量的研究，并建议在推进本地化产品或服务时，简单地翻译网站并做营销是不够的。

你还必须考虑诸如产品或服务名称、你所处的时区和当地的颜色敏感性，以及性别角色、货币和与用户相关的地理示例等细节。文化背景有时尤为重要，比如语言，由于翻译的质量和风格差异，有时可能会使呈现效果受到影响（因此直译可能会导致搞笑的结果）。你的网站布局（包括菜单项、横幅广告、内容、行动指示等）也非常重要，因为它是你的企业与访问者之间的视觉界面，必须以访问者期望的方式显示和运作。

符号在用户眼中是隐喻性的行动指示，因此在为特定受众进行设计时，也必须仔细考虑。通常，这些符号应该是货币符号、社交媒体链接或其他导航元素等图标。显然，如果使用符号，你应该测试它们以确保用户确切地了解它们的含义。考虑到不同文化在理解给定信息所需要的上下文解释量上存在差异，你所创建的内容以及创建过程则会变得敏感起来。人类学家爱德华·霍尔（Edward Hall）提出过一个有用的模型，他建议可以根据不同的交流风格来对不同文化进行比较。根据这种方法，那些主要通过在文字和言语中使用明确的陈述形式进行交流的社会可以被认为是低情景文化，而那些使用更多暗示性线索，如肢体语言和沉默时刻进行交流的社会，则被称为高情景文化。

例如，德国是一个低情景文化国家，在这里，网站信息就被设计为完整、清晰和精确的。而日本是一个高情景文化国家，因为其文化的消息可能有多重含义，其中有许多是隐含的，并且需要依赖于周围的信息来理解的（这可能解释了为什么日本的网站通常比其他国家的网站包含更高比例的内容）。值得注意的是，在霍夫斯泰德的 6 大维度中，高情景文化往往更具有集体主义特征，并在权力距离上得分更高，这是我们即将探讨的两个重要特征。

可口可乐是最成功的本土化品牌之一，该公司向全球 200 多个国家供应 3500 多种产品。其品牌推广和营销非常成功，以至于“Coca-Cola”一词被全球 94% 的人口所熟知，成为仅次于“OK”的最被广泛认可的英语单词。有趣的是，在中国，“可口可乐”的汉字意思是“美味和快乐”，而在中国香港，可乐有时被作为治疗感冒的热饮供应。虽然我们可能成为不了下一个可口可乐，但它取得的成功确实说明了使用战略性、灵活的营销方法与优秀产品相辅相成对成功的重要性。

有趣的是，可口可乐不仅本地化了其产品包装和网站，甚至还根据其供应的国家的口味偏好定制了饮料口味。在伦敦的炎热夏日，你点的可乐与你在塞舌尔度假时喝的可乐在物理成分上会有所不同。尽管生产这些可乐的公司是相同的，但每个国家的目标市场是不同的，因此产品也是不同的。

还有一个体现复杂供求关系的完美例子：在巴布亚新几内亚，可口可乐长期以来一直是一种受欢迎的饮料，但由于那里很难获得冰箱，几十年来可口可乐一直以温热的方式直接从货架上售卖。为了提高销量，可口可乐决定给所有供应商引进冰箱，用以提供冰凉的可乐。

但是猜猜发生了什么？可乐的销售量暴跌！尽管冷凉的可口可乐在世界其他地区备受欢迎，但在巴布亚新几内亚，这种冷藏版本的饮料并不是常态。可口可乐吸取了教训，从供应商那里撤掉了冰箱，让以温热方式销售可口可乐的市场恢复到自然平衡，从而恢复了销售和客户满意度。

这个案例所带来的经验教训是：无论是线上还是线下，如果你希望你的企业取得成功，你需要制定一套针对地区文化、基于需求的指南，作为你的设计和营销策略的一部分。如果你能成功地做到这一点，你就能为所有客户建立良好的品牌形象和用户体验，无论你走到哪里。

文化：心灵的软件

文化被定义为人类思想的集体心理过程，它使一个人群区别于其他人群。

——吉尔特·霍夫斯泰德（Geert Hofstede）教授，心理学家

无论企业规模大小，如果你想吸引全球客户群体，你必须要有能力调整你的产品或服务以满足他们的文化敏感性。考虑到我们更愿意去访问那些符合我们社会偏好的网站，所以使用符合文化的设计实际上可以增加客户的信任、满意度和忠诚度。那么，你应该如何做到这点呢？

首先，我们需要了解这些偏好可能是什么，为此我们必须先回顾一下历史。20 世纪 90 年代初，荷兰心理学家霍夫斯泰德教授历时超过 40 年，对 70 多个国家的文化特征进行研究，最终出版了他的巨著——《文化与组织：心理软件的力量》(*Cultures and Organizations:Software of the Mind*)。这本书最初于 1991 年出版，提供了一个简明扼要、证据翔实的观点，阐述了不同国家的文化在对模糊性、不平等性的容忍以及对坚定与谦逊的偏好方面的不同。霍夫斯泰德的工作专注于我们在童年后期表现出来的思维、感觉和行为的基本模式，并且提供了独特的视角，展示了不同文化通过其成员所珍视的价值观、象征、仪式和故事来表达自己的方式。

在新时代，霍夫斯泰德确定的六个关键的心理维度特征是否仍然起作用？研究表明："全球化和技术进步并没有创造一个全球的统一标准，也并没有同质化我们的身份认同，而是诞生了极为持久的行为模式与地区身份认同感"。尽管年轻一代会随着新趋势变化并与之适应，但我们深深植根的文化特征很可能继续成为我们行为和价值观的基石，即使我们生活在这个新的全球化连接的世界中也同样如此。

在接下来的内容里，我们将依次探讨这六个维度，然后确定如何使用它们来改善网站的性能，并在不同的文化背景下进行营销。

1. 权力距离指数（PDI）

第一个维度就是权力距离，它涉及我们对待不平等文化的态度。它同时能衡量社会中较弱势成员对不平等权力分配的预期度和接受度。

拥有高权力距离指数的国家往往会贫富差距较大（无论是工资还是地位），它的政府机构通常有很高的等级制度，政治权力也较为集中。一般来说，这样的国家强调社会与道德上的秩序，并高度认可各种权威、专家、认证以及官方的印章或标志。信息的获取通常受到限制，相对于普通公民、客户或员工，领导者更受重视。俄罗斯就是一个很好的例子——它位居全球权力距离最高的 10% 之列，并偏爱独断专行式的领导（及随之而来的社会不平等），这一切都体现在它的 PDI 高达 93 分上。

那些低权力距离指数的国家往往更重视平等，通常表现为机构层级更扁平化，地位和工资差异较小。这些国家通常对公民的限制较少，其获取信息的壁垒通常是透明和整合的，并有自由流动的可能。例如，英国的 PDI 很低，只有 35 分，这反映出一种文化（尽管有君主立宪制）——努力通过国家医疗服务（NHS）和社会住房计划来减少不平等。想了解不同国家的排名，可以参考表 4.1。

表 4.1　国际 PDI 排名

	PDI 得分	国家或地区
高权力距离指数	95	沙特阿拉伯
	93	俄罗斯
	81	墨西哥
	80	中国
	77	印度
	70	埃及
	69	巴西

续表

	PDI 得分	国家或地区
	68	中国香港地区
	68	法国
	64	非洲（东）[1]
	63	葡萄牙
	57	西班牙
中权力距离指数	54	日本
	50	意大利
	49	南非
低权力距离指数	40	美国
	39	加拿大
	38	澳大利亚
	35	英国
	35	德国
	31	瑞典
	31	挪威
	13	以色列
	11	奥地利

操作指南

高权力距离

如果你的目标受众主要来自一个高权力距离指数（PDI）得分的国家，你可以采取以下措施。

a 基于埃塞俄比亚、肯尼亚、坦桑尼亚、赞比亚的得分。

- **秩序至上**

在网站中强调秩序的作用，通过以下方式来明确界定网站的目标（可以通过主页图片或广告语传达），使用明确的导航引导用户，让访问者清楚地知道自己所处的网站位置，并在内容中建立清晰的层次结构（使访问者能够有序地浏览页面/网站）。你还可以根据用户的身份（比如，只允许有相关权限的用户访问的特定内容）使用社会角色来组织信息。

- **国家自豪感**

使用反映目标受众社会或道德秩序的文化和国家象征，比如特定的颜色、比喻和国家标志（例如，你在搜索中国网站时，会发现很多网站喜欢使用红色，这是中国国旗的主要颜色，也被认为能带来好运）。

- **展现权威**

你可以通过在图片和视频中使用显著的肢体语言和手势，以及在文案中使用指导性的词汇和命令来传达权威感。目标是帮助访问者了解浏览过程。

- **限制选择**

尽管这可能让一些读者感到不舒服，但通过限制访问者对信息的访问，并只提供有限的选择，可以有助于符合当地文化预期，减少不确定性，从而提供更舒适的用户体验。

- **注意称呼和语气**

如果你使用社交媒体与高权力距离的市场进行互动，一定要注意观察有关语言、自我表露和礼节的文化习惯。对于不认识的人使用过于亲密的语言可能会有问题，特别是在商业方面。

- **官方认证**

专家和权威人物的认可可以让自己的产品更具说服力，而且对于习惯高权力距离文化的消费者来说，有关的官方标志和认证可以增加必要的可信度。

- 增加实体感

高权力距离且具有高情景（比如中国）文化的消费者通常更喜欢在做出购买决定之前亲身接触产品。这意味着你需要让你的服务或产品更加有形，你可以强调它可能具有的实际属性，或者使用视频来展现产品的外观、手感和使用方式。

低权力距离

如果你的主要受众来自低权力距离得分的国家，你可以采取以下措施：

- 保持透明度

客户会期望你的网站内容透明、公开，并且每个人拥有平等的访问权。唯一的例外是，如果你有一些仅对订阅者开放的区域或内容，那么这种订阅的机会应该对任何愿意接受付费或价值交换的人开放（无论是提供邮箱地址还是进行月度支付等）。

- 让用户自己搜索

低权力距离文化的人更倾向横向搜索他们想要的信息，这可能也解释了为什么非等级制平台［如 YouTube、Twitter（推特）和 Instagram］往往起源于这些国家。与其在导航栏和侧边栏上堆积大量非必要信息，不如通过提供一个搜索栏（通常位于页面顶部）来帮助人们找到他们想要的内容。这种搜索的主要注意事项是，用户往往会拼写错误的关键词，因此要去测试最常见的搜索词和它们的变体，以应对人为错误。

- 精英主义至上

在低权力距离文化的国家，人们也会对权威性的指示作出反应，但他们更倾向于尊重那些凭借学术或专业资历取得成就的人，而不是那些凭借继承（例如阶级或种姓）取得成就的人。他们也更愿意重视本国公民的意见，在这里专家对你产品的认可和客户（他们与你的目标受众相似）的推荐都可以有效增加你所传达信息的可信度。

- 视觉效果

在展示图片和视频时，低权力距离文化的访客希望在你的展示内容中看到能代表自己的人物。针对这一点，你可以通过展示真实客户与你的产品或服务互动的内容。例如，美国时尚品牌 Nasty Gal 使用了名为 Olapic 的平台来收集和展示客户在现实世界中穿着他们衣服的图片。与只使用模特照片相比，这种方法有利于利用社交认可和良好的口碑效应，而且这种能让现有消费者有机会成为短暂的网红，同时吸引新客户加入。

2. 个人主义（IDV）与集体主义

这个维度用以衡量文化成员的相互依赖程度，并界定人们是通过“我”（自己）还是“我们”（群体）来定义自我形象的。

在个人主义得分较高的文化，如美国、英国和澳大利亚，国家往往由松散的社区组成，注重个人自主、个人成就和个人权利，并主张人们应该自己照顾自己。社会责任仅限于自己的直系亲属和朋友，人们通常有较高的地理流动性。例如在美国，由于免费医疗有限，且保险费率很高，企业就希望员工能够自行承担医疗保险。实际上在商业领域，交易往往发生在陌生人之间，招聘决策也往往基于个人的能力。通常来说，崇尚个人主义国家的人们重视自由、个人时间和挑战性，并且更有可能受到比如年终奖金或高薪的驱动。

而相比之下，像中国这样 IDV 得分较低的国家，往往表现出对更广大、更紧密的社交网络的文化偏好，其中集体的需求被放在个人之前。在这样的集体主义文化中，重要的是群体归属和忠诚，个人的偏好和行为将受到家人、朋友、同龄人和社区的意见影响。之前的研究已经将“低情感性”确定为集体主义社会的特征之一，而其中社会规范和责任（由群体定义）优先于追求快乐。

对于这些人群，如技能的掌握和获得等内在奖励将是强大的动力因素，同时他们也会重视自身的身体状况。在商业方面，雇主往往会为员工提供高水平的保护，以换取忠诚，并且人际关系经常会影响到招聘政策。

请参见表 4.2，其中列出了一些国家的 IDV 排名。

表 4.2　国际 IDV 排名

	IDV 得分	国家或地区
高度个人主义	91	美国
	90	澳大利亚
	89	英国
	80	加拿大
	76	意大利
	71	法国
	71	瑞典
	69	挪威
	67	德国
	65	南非
中等个人主义	55	奥地利
	54	以色列
	51	西班牙
集体主义	48	印度

续表

	IDV 得分	国家或地区
	46	日本
	39	俄罗斯
	38	巴西
	30	墨西哥
	27	非洲（东）
	27	葡萄牙
	25	埃及
	25	中国香港地区
	25	沙特阿拉伯
高度集体主义	20	中国

操作指南

个人主义者

如果你的主要用户来自高度个人主义文化国家怎么办？

- **奖励你的用户**

通过激发个人成就感，鼓励用户采取特定的行动。这种奖励机制就是《模拟城市》（SimCity）等游戏广受欢迎的原因之一，在游戏中如果玩家在特定时间内完成了目标任务，那么他就胜利了。领英（LinkedIn）采用了类似的个性化奖励系统：它提示你“完善个人资料”，并使用“个人资料完善度”信息图表来鼓励你通过添加更多的信息来达到“全明星”水平。

- **强调你是独一无二的**

个人主义文化倾向于将人与人的差异视为好事，因此要专注于传达你的品牌的独特之处。有什么独特的卖点？你与竞争对手有何不同？什么让你成为一个改变游戏规则的品牌？

- 创造挑战

举办竞赛和挑战赛有助于与用户建立关系，激发他们对你的品牌的兴趣。一个很好的例子是豪华内衣精品店 Fleur of England 所设计的社交媒体竞赛。他们邀请用户拍摄与他们新推出的产品相同颜色的物品，并在 Instagram 上使用活动标签来发布图片。所有参与者都有机会抽奖，并赢得该款新产品，这样一来，活动引发了热潮，也吸引了潜在新用户的注意。

- 引发争议

在创作内容方面，在个人主义得分高的文化中人们往往会对有争议的言论和极端言论做出积极反应。他们喜欢被震撼的感觉（这几乎是病毒传播视频的必要条件），只要你做的不越界（并能够支持任何法律索赔），就是激发人们并吸引他们的好方法。

- 享受成功

在网站中的图片、文字和视频中使用一些体现成功和消费主义的物质象征，通常会在个人主义文化中收到较好的反馈。尽管我们都希望感受到被爱和归属感，但有关美好生活方式的广告之所以吸引个人主义受众，是因为它们帮我们找到自己成功时的良好感觉（豪车、豪宅、美丽的身体等）。由于这样的文化也更青睐年轻人，你还可以通过使用年轻、漂亮的模特（或用户）的照片来迎合这种偏好，吸引人们的注意力。

- 分享就是关怀

个人主义消费者乐于分享显得他们特立独行的信息，所以如果你希望从这个群体中收集数据，你可以公开要求，只要酬劳合理就行。

集体主义者

- 集体形态

集体主义文化的核心是人与人的关系，所以如果你希望吸引这种受众，可以尝试将你的用户看作一个群体，并提供一个可以共同使用的服务或平台。

- 道德准则

个人主义文化倾向于将真理和科学置于固定的道德观之上，但如果你的用户在集体主义方面得分较高，尊重他们既定的道德信条和社会情感是很重要的。一般来说，你制定的任何沟通和营销活动都应强调人际关系，并尊重受众文化的传统和历史。

- 展示团体形象

当你想要使用图片来销售产品或宣传品牌时，你可以通过展示该产品在集体环境中的应用场景来增加它们的影响力。在一些集体主义文化中（如伊朗和某些阿拉伯国家），是不允许展示女性的图片的，并且在公共场合表达自己的快乐可能会被人不喜欢。

- 团队无“我”

在使用语言时,集体主义文化倾向于使用“我们”的表达方式，并且在某些情况下,甚至在句子中省略“我”(例如在西班牙语中,“I love you”是“te quiero”，而不是“yo te quiero”)。实际上，英语是唯一一种认为自己如此重要，而将“I”首字母大写的语言！因此，当你与集体主义的受众进行交流时，确保你的语言得体。如果有疑问，你可以请一位母语为该文化的人为你写稿，或者聘请像 Oban Digital 这样的公司来本土化你的网站和营销内容。

- 尊重长者

集体主义文化倾向于尊重年长者所拥有的智慧和经验。因此，如果你希望被人认为知识渊博，具有权威性、可信度，可以在你的网站上使用包含年长者（以及已经在行业中树立声誉的领袖人物）的图片和推荐信。

- **请尊重隐私**

对于个人信息，低个人主义文化的客户倾向于保护和隐藏与群体不同的特质。当你在网站上要求填写此类信息时，记得仅询问最基本的信息，并明确提供交互安全的提示。还有一个非常重要的经验法则，你向人们保证信息安全的最佳方法是传达出这些信息是积极向上的，避免使用类似“群发邮件”之类的词语，因为这可能引起客户警觉并降低转化率。一个效果不错的表达是“我们保证你的隐私100％不会被泄漏”。

3. 男性气质（MAS）与女性气质

如果你来自霍夫斯泰德所定义的男性气质的文化群体，你可能会觉得这一部分有点不太政治正确。

根据传统的性别角色表现，霍夫斯泰德将男性气质描述为那些表现出明显（刻板）性别角色的文化——女性普遍温柔、谦虚，关注生活质量；而男性则强硬、自信，关注物质成功。像日本这样的男性气质社会倾向于强调自信、英雄主义和个人成就，并通过物质奖励来衡量成功。在商业方面，这些国家竞争激烈，喜欢接受挑战，通常重视收入、职业发展和别人的认可。

相比之下，像挪威和瑞典这样的女性气质文化的国家，则更倾向于对性别角色有一个更加模糊、多样化的态度，它们鼓励每个人追求生活质量和对他人的温柔态度。女性文化的社会更加关注人际关系和社会共识，偏向家庭、社会凝聚力和提升所有人的良好生活水平。他们重视合作和就业安全，并更愿意为弱势群体提供帮助。

你认为你的国家在这个维度上会排在哪里呢？请查看表4.3来了解。

表 4.3 国际 MAS 排名

	MAS 得分	国家或地区
高男性气质	95	日本
	79	奥地利
	70	意大利
	69	墨西哥
	66	英国
	66	德国
	66	中国
	63	南非
	62	美国
	61	澳大利亚
	60	沙特阿拉伯
轻男性气质	57	中国香港地区
	56	印度
	52	加拿大
非男性 / 女性气质	49	巴西
	47	以色列
轻女性气质	45	埃及
	43	法国
	42	西班牙
	41	非洲（东）
	36	俄罗斯
	31	葡萄牙
重女性气质	8	挪威
	5	瑞典

操作指南

男性气质

如果你的主要用户来自男性气质指数高的国家，该怎么办？

- 鼓励放飞自我

在设计网站导航时，让用户拥有更大的控制权和探索能力。在有需要的情况下，你可以创建多个层级的子页面，只要内容足够引人入胜，你就能让访问者在你的网站上停留更长的时间。

- 丰富的多媒体

男性气质的用户对令人兴奋的、积极的体验有良好的反应，所以可以为这些受众提供更多的互动功能，比如实时投票（让他们可以看到与同龄人的得分对比）、响应式信息图表或者吸引他们进行互动的视频，从而让用户加强互动行为。

在使用动态效果（无论是动画、GIF 动态图，还是全屏视频）时，请确保测试其是否能产生预期效果（例如增加注册量），因为动态效果常常会分散人们对行动的注意力，从而导致转化率降低。

- 角色扮演

男性主导的社会通常更喜欢有明确定义的角色，从而确保你的受众能够迅速明确地了解你的目标用户群是谁（这将包括基本的统计信息，如性别、年龄和地位）。例如，如果你要向中国销售药品，在那里，医疗行业从业人员主要是女性，因此使用女医生的形象更易让人接受。而如果你在美国销售同样的产品，男女形象都包含的照片可能更能吸引你的受众。

- 玩游戏

在过去几年中，许多游戏化元素已经融入网站和应用程序设计中——从结账时无处不在的进度条，到社区论坛和社交媒体中的徽章使用。男性文化富有竞争性，往往喜欢面向目标的挑战，因此举办限时优惠和比赛可能会取得良好效果（尤其是如果你公开排行榜并显示排名，或者在官方社交渠道上公开宣布获胜者）。

女性气质

如果你的主要用户来自女性气质指数高的国家，该怎么办？

- **生活品质**

当你面向女性气质文化的受众时（请记住，这不一定意味着女性受众），需要强调你的产品在惠及更广泛的群体方面的核心特质。通过关注人际关系以及如何改善人们的生活品质，你将能够更深入地与你的用户建立联系，从而提升你的信誉。

- **不要性别投射**

如果你来自一个传统的男性主导的文化区，注意一定不要将你对性别角色的概念投射到你的品牌或内容可能使用的任何形象上。为了避免出现严重的错误（无论是在财务还是声誉方面），这都值得进行一些市场研究，先研究并探索你的目标人群是如何将某些特质与每个性别联系起来的，然后再将这些特质融入你的信息传递中。

- **保持合作**

在女性主导文化中，相互合作可以产生长远的影响。因此，你可以让客户拿到免费试用装，但同时要求他们提供有价值的反馈信息，用以改进你的产品或服务。你还可以通过建立一个论坛（无论是私人的还是在社交媒体平台上）来利用这一特质，让客户彼此分享技巧、经验和建议。

- **美丽社交**

通过迎合你的受众的审美偏好，让你的网站在视觉上更具吸引力。在这里，清爽的网站通常效果很好，你使用的图像应强调人际关系、合作和更广泛的社区应用。

4. 不确定性回避指数（UAI）

不确定性回避指数用来衡量我们对不确定的事物的接受程度。事实上，我们都无法确切地预测未来，但是当涉及这一现实时，一些文化似乎比其他文化更容易接受这个现实。有趣的是，我们处理不确定问题的能力甚至与大脑中的特定结构有关。在一项由科林·费斯（Colin Firth）委托进行的研究中，来自伦敦大学学院（UCL）的一组神经科学家发现保守派在大脑的杏仁体中有着更多的灰质，而自由派则在前扣带皮层中有更多的灰质（前扣带皮层是大脑负责认知灵活性的部分）。据此，研究人员又发现，具有大杏仁体的个体对恐惧和反感更敏感，因此更倾向于持保守派的理念。虽然很难确定大脑结构和理念哪个可能更先出现，但可以客观地说，人们在处理未知能力上存在很大差异，他们所属的文化也会在很大程度上影响他们的认知。

例如，在一些不确定性回避指数高的国家，如葡萄牙和俄罗斯，人们更容易感到不安，为了应对这种不适，他们会建立严格的行为准则并信奉严格的信仰。由于害怕不寻常的事物，认为非正统的想法或行为是危险的，在这样的国家自杀、监禁和酗酒率往往也较高。

来自这样文化国家的人们通常期望组织和关系是明确可预测且容易解释清楚的。他们倾向于富有情感的表达方式，喜欢用手势交流。对他们来说，形式和守时很重要，严格的规则和仪式是必不可少的。

相比之下，接受不确定性的文化往往更具适应性和创业精神，他们通常不喜欢僵硬的制度和法律。在这样的文化中，你会发现大量的创新和自由主义，伴随着高摄入咖啡因、更高的心脏病发病率，以及情感应该保持低调的信念。

虽然我是有偏见的，但在我看来，蒂莫西·伯纳斯－李（Timothy Berners-Lee）——这位万维网的发明者和HTML语言的首位普及者——就来自于世界上接受不确定性最强的国家之一，英国，这不是一个巧合。英国人以其“刚硬的上嘴唇”和无畏的“混乱中前行”的能力而著称，然而他们通常对于模糊的情境感到相当舒适。或许这就是为什么英国拥有世界上最多元文化和最世俗的社会之一的原因。

在你与在线客户建立关系时，他们对不确定性的容忍程度可能会影响他们对你的网站及内容的反应。其关键在于要理解他们的敏感性，以便让他们与你产生共鸣，毕竟融洽的关系和亲和力是有影响力的关系的基础。请查看表4.4，了解你所在国家在全球不确定性回避指数排名中的位置。

表4.4 国际UAI排名

	UAI得分	国家或地区
高度回避不确定性	104	葡萄牙
	95	俄罗斯
	92	日本
	86	法国
	86	西班牙
	82	墨西哥
	81	以色列
	80	埃及
	80	沙特阿拉伯
	76	巴西
	75	意大利
	70	奥地利
回避不确定性	65	德国

续表

	UAI 得分	国家或地区
	52	非洲（东）
	51	澳大利亚
	50	挪威
	49	南非
	48	加拿大
接受不确定性	46	美国
	40	印度
	35	英国
	30	中国
	29	中国香港地区
	29	瑞典

操作指南

回避不确定性

如果你的主要用户来自回避不确定性指数高的国家，该怎么办？

- 少即是多

我们的产品导航应当清晰有序且标签明确，让用户的体验过程可预测且令人放心，以此增加客户的掌控感。要避免弹出广告和在新窗口中打开链接，尽量将用户的选择限制在必要的范围内。任何非必要的信息都可能会被视为是多余的和误导用户的，所以要尽量保持你的网站简洁、正式。对高度回避不确定性的文化来说，他们通常更喜欢确切的文字而不是模糊的符号，所以如果你做不到给出确定的信息，就最好用文字表达。

- 乐趣

一些研究表明愉悦感可能对本群体最具影响力，特别是对于中东客户来说（这可能是因为在高度回避不确定性的文化中，人们可能会承受更高的压力，并表现出“不太内化的情绪控制”）。因此，在为高度回避不确定性文化的客户做设计时，需要着重考虑如何增加他们的愉悦和欣喜体验。

- 清晰明确是关键

你使用的任何图片都应当明确地传达你的企业身份以及你提供的解决方案。在展示产品或服务时，使用精确的描述并对特点详加介绍，这将有助于获得更积极的客户态度，特别是如果你的潜在客户来自服务经济体。同样，请避免使用模糊的形象，如果你使用了人物照片，请确保他们的角色或地位非常明确，且这些角色反映了你的目标受众的期望和规范。

- 注意沟通

一般来说，沟通中最好使用清晰、简洁的语言，避免模糊的术语。精心设计的比喻也许能很好地传递你的信息，但表述的内容和语气应始终保持相对正式。需要注意的是，在高 UAI 文化中，使用社交媒体可能会成为麻烦的源头，因此你在社交媒体上发布信息之前应三思而后行（以免发出一条判断不当的推文，损害你的声誉）。

- 提前规划

一些具有高 UAI 文化的国家（如德国）对演绎推理而不是归纳推理有着强烈偏好，这意味着你可能需要为这些用户提供关于手头任务的系统性概述，以使他们知道如何行事。如果你希望你的客户按照特定的行动路径行动，你可以给他们提供一个摘要，让他们了解到可以得到什么，以减少不确定性。如果能提供清晰的站点地图会是一个受欢迎的补充，而常见问题解答部分和一些建议则可以帮助减少用户的错误。

- 按图索骥

你还可以通过使用颜色、字号和排版作为识别标志来减少不确定性。例如，如果你销售食品，可以通过使用蓝色标题标识乳制品，用绿色文本标识水果和蔬菜，从而使信息更容易分组。这样可以让人更容易地识别每个类别，从而降低认知负荷（即还要在浏览中努力去记忆），使体验更加流畅。

接受不确定性

如果你的主要用户来自回避不确定性指数低的国家，该怎么办?

- 直截了当

这种文化喜欢开放式对话，并更喜欢用朴实的语言交流。如果他们是你的目标受众，你可以使用社交媒体与你的客户进行非正式的连接，但避免过于感性地表达自己。Snapchat、推特和脸书（Facebook）等平台所提供的灵活性和亲密性在接受不确定性的市场中很受欢迎，通常能极大地提高客户参与度。

- 冒险者

在回避不确定性指数低的文化中，人们往往不喜欢被过度保护，他们更喜欢在浏览时自由探索并承担更大的风险。你可以在StumbleUpon这个站如其名的平台上看到这种特点，StumbleUpon是一个美国应用程序，它可以帮助会员发现来自网络的各种新奇内容。

- 复杂性

能接受不确定性的社会并不介意内容方面的复杂性。多种多样的行为和选择会吸引富有冒险精神的受众。尽管如果需要让用户去做特定的行动时，通常还是要使用更具引导性的方法。

- **将你的信息层次化**

在这样的文化中，导航通常会被设计为下拉菜单，从而方便对信息进行分组，同时这样也允许更多子页面的存在。你可以在你的网站上设置一个搜索框，方便这些用户尽情搜索自己想要的东西，同时提供站外内容和页面的链接也是常见的做法。

5. 长期取向（LTO）

基于儒家学说，这个第五维度探索了我们人类对美德的追求。这个维度是由吉尔特·霍夫斯泰德和迈克尔·邦德（Michael Bond）的综合研究发展而来，于 1991 年被加入六大维度概念里。

长期取向得分较高的文化（如中国）通常会将其价值观建立在儒家思想的基础上，并认为真理是相对的，它取决于当时的背景。社会通常认为获得技能、接受教育、努力工作和节俭生活是高尚生活的基石。成就来自耐心和毅力，为未来储蓄被视为有价值的投资。家庭被视为所有社会组织的蓝本，这意味着年龄越大的男性，其权威越大。与西方哲学的金科玉律“别人如何对待你，你就如何对待别人”不同，长期取向的文化选择了更和平主义的原则，即“己所不欲，勿施于人”。

相比之下，短期取向（通常是西方的）文化，如西班牙，喜欢活在当下，喜欢迅速取得结果，不太关心未来。和周围人攀比是一个重要的动力，寻找“绝对真理”也是如此，这种文化对传统非常尊重。在这里，金科玉律也同样适用，人们被鼓励通过创造力和自我实现来找到个人的成就。请查看表 4.5，了解你所在国家在全球长期取向排名中的位置。

表 4.5　国际 LTO 指数排名

	LTO 得分	国家或地区
长期取向	118	中国
	96	中国香港地区
	80	日本
	65	巴西
	61	印度
短期取向	44	挪威
	39	法国
	34	意大利
	31	澳大利亚
	31	奥地利
	31	德国
	30	葡萄牙
	29	美国
	25	非洲（东）
	25	英国
	23	加拿大
	20	瑞典
	19	西班牙
缺乏数据	n/a	南非
	n/a	沙特阿拉伯
	n/a	埃及
	n/a	以色列
	n/a	墨西哥
	n/a	俄罗斯

操作指南

长期取向

如果你的主要用户来自长期取向文化的国家，该怎么办？

- 实用性

你的受众务实且适应性强，他们更喜欢能提供实际价值和内容的网站。

- 灵活性

由于这类文化下的个人不善于准时，你应该把你的任何现场答疑会话、直播或网络研讨会在直播后提供录播，以便那些错过了开头（或整个内容）的人仍然可以访问你的内容。

- 人际关系至关重要

长期取向指数高的客户会根据你的合作关系和声誉来评估你的可信度。因此你需要与你的受众建立良好的关系。你可以培养品牌推广人，并通过消费者的口碑提升你的声誉。要明智地选择你的合作伙伴。

- 教育

长期取向的文化倾向于重视技能的获取，因此向市场提供一些有用的免费培训和材料会是行之有效的营销手段。依靠互惠原则，通过这种方法向你的访客展示你对他们的重视，从而可以提高转化率。

- 自由探索

长期取向的社会通常对“发现命运之路”有一种自然的轻松感，你可以简化网站导航，更多使用打开新窗口的外链。

- 长期收益

如果你希望说服人们尝试或购买你的产品或服务，请强调它们的实际用途和长期收益。由于长期取向的文化倾向于储蓄更多，采用较小周期性的支付方式可以有效减轻直接购买所带来的负担。

短期取向

如果你的主要用户来自短期取向文化的国家，该怎么办？

- 提供统计数据

这种文化的受众更倾向于确凿的事实，而不是主观的、没有依据的断言。如果你销售的产品或服务确实能够为人们节省金钱、精力和时间，请务必提供证据支持。

- 五星评级制度

这已经成为相当常规的做法；然而值得注意的是，对于短期取向的客户来说，事实和数据会比仅凭轶事更具有说服力。因此，如果你在网站上收集了客户们的推荐，可以通过提供五星评级系统来展现出它们数量上的优势。甚至你还可以更进一步，鼓励客户表明这些评论是否有用（“这条评论对你有帮助吗？”是/否），这会为整个过程增加一个额外的评价层次，从而使系统整体更加准确。

- 即时下载

对于短期取向的客户来说，即时满足是一种强大的推动因素，因此通过把内容做得可以让他们一览无余地访问是对他们的奖励。如果你的产品可以提供虚拟形式（例如，提供实体书的 PDF 格式），可以允许用户在购买该物品后先进行即时下载，之后再收到实体复本。

- 引领潮流

短期取向文化往往追随社会趋势和习俗，无论是花费一个月的工资购买新的鞋子，还是在星期五晚上和一些朋友去酒吧。在适当的情况下，你可以通过在内容和营销中反映相关趋势来利用这一点，例如在产品视频拍摄时让穿着当季时尚的人们演示产品。与你的客户最相关的趋势类型当然取决于他们的年龄、性别、兴趣和收入水平，所以在将这些元素融入你的信息之前，请确保做好研究。

- 倾听

短期取向文化的客户往往期望即时的结果。现在社交媒体已经渗透到生活的方方面面，同样地，它也适用于客户服务。如果你不知道你的客户在谈论什么，那么就是时候开始倾听了。像Brandwatch 这样的服务可以帮助你监控社交媒体渠道上的客户谈话，并让你能够衡量情感，及时处理负面反馈。迅速解决人们的问题有助于确保客户满意度和良好的声誉。

6. 放纵与约束

这个最终维度名副其实：它衡量了我们的社会在多大程度上允许我们通过满足自己的欲望来享受生活和快乐。来自高度放纵的文化的人，如墨西哥和瑞典，往往感觉他们对自己的生活有个人控制权，这或许解释了为什么他们通常比自我约束感强的人更幸福、乐观和外向。

在高度放纵文化的社会里，人们往往关系较为松散，但他们非常重视友谊和休闲时间，自认为健康的人群比例通常较高。毫不奇怪，放纵消费与国家财富之间存在着积极的关系，而来自放纵文化的人不太可能重视克制欲望或道德纪律的概念。

相反，自我约束型社会往往认为满足感应该受到约束和压制，通常通过强制执行严格的社会规范来实现这一标准。尽管他们的社区往往关系紧密，但他们感到非常幸福或健康的比例较低，人们可能普遍感到缺乏自主权。人们更加悲观、神经质和愤世嫉俗，心脏病的死亡率也较高。

可以理解，自我约束更有可能是贫困条件下的常态，在这样的社会中，人们往往重视节俭和道德纪律，而不是休闲和友谊。根据霍夫斯泰德的说法，“社会限制不仅减少人们的幸福感，还培养了各种形式的消极主义”。

请参考表格 4.6，查看各个国家在全球放纵取向（IVR）上的排名。

表 4.6　国际 IVR 排名

	IVR 得分	国家或地区
高放纵地区	97	墨西哥
	78	瑞典
	71	澳大利亚
	69	英国
	68	美国
	68	加拿大
	63	奥地利
	63	南非
	59	巴西
	55	挪威
	52	沙特阿拉伯
	48	法国
	44	西班牙
	42	日本
	40	德国
保守地区	33	葡萄牙
	30	意大利
	26	印度

续表

	IVR 得分	国家或地区
	24	中国
	20	俄罗斯
	17	中国香港地区
	4	埃及
缺乏数据	n/a	非洲（东）
	n/a	以色列

操作指南

放纵取向

如果你的主要用户来自高放纵取向文化的国家，该怎么办？

- 好友相伴

高放纵取向的人喜欢在互联网上进行私人社交，他们通常与其他国家的人有更多的接触。如果你想与这个群体互动，可以通过提供有趣的免费赠品来使互动变得好玩又有用，人们还可以以此与朋友分享（一个很好的例子是 Carling 的 iPint，这是一个有意思的喝啤酒应用软件，在英国的酒吧用户中很受欢迎）。

- 自由如鸟

在这种文化中，辩论和言论自由很重要。高放纵取向的人们通常期望坦率和诚实的讨论，所以你提供的任何客户服务都应该反映这一点。

- 性别融合

无论是在广告牌、网站还是视频中，成功的广告之所以会有效，是因为它们通常能够让受众认同故事中的角色。当你在面向高放纵取向的人时，性别角色通常没有严格的规定，所以最好避免使用刻板印象。相反，你可以轻松一点，给你的受众提供一系列可以进行身份认同的模特。

- 巧用微笑

高放纵取向的人往往更加乐观，将微笑视为友好的表现，因此你要在图片和视频中使用愉快、情感丰富的人物形象。幽默和喜剧效果可能也会很有效，尤其是你在通过口碑来推广你的业务时。

- 增添刺激

正如你所期望的那样，在高放纵取向文化中，性行为的规范往往较为宽松，因此如果与你的品牌相关，你可以在营销中加入一些刺激的元素。尽管确切的日期范围尚有争议，但对千禧一代（1982 年—2004 年出生）和 Z 世代（1996 年—2003 年出生）的最新研究表明，其对性别和性取向的观念实际上非常灵活，尤其是在受访者是女性时。因此，如果你面向的群体是高度放纵文化的年轻人群体，你可能有更大的余地使用性暗示和身份认同。

- 合理定价

高放纵取向文化的人往往更加富裕，因此在定价时可以有所考虑。

约束取向

如果你的主要用户来自约束取向文化的国家，该怎么办？

- 关注共同利益

如果你的客户比较克制，那么用满足个人的承诺推销产品或服务是不明智的。相反，你应该把重点放在你的产品如何在他们文化的规范内发挥作用，造福社区。例如，如果你是一家软件即服务（SaaS）企业，你需要强调你的服务的安全特性和实际应用，并能根据你的受众的需求和期望来调整你的销售方式。

- 保持精简

低放纵文化往往比较节俭，因此使用优惠码、促销和限时优惠可以有效吸引这些人的注意力并开拓新业务。你还可以考虑在你的产品或服务中告诉人们如何去节省金钱，并将这作为你的主要输出信息之一。

- 谨慎行事

在这种文化中，性别角色往往被严格区分，因此你在吸引潜在客户时要注意目标和方式。如我之前所提到的，在一些强调克制的社会中，展示女性形象是完全不可接受的，所以如果你的目标受众是女性，你可能需要另辟蹊径来接触并吸引她们的注意。

- 快乐的人们

微笑在这里可能被视为可疑的，因此在使用图片时要小心。如果你是一个全球性品牌，可以减少过分张扬的宣传内容，如果不能确定，就用相对正式的风格。

- 保持自律

克制的社会偏爱结构和自律。要通过提供清晰、结构化的导航和可预测且一致的用户体验来反映这一点。在在线支付环节，需要强调交易的安全性，除非绝对必要，请不要要求额外的信息。

- 正式性

客户服务应该遵循正式的流程，无论是通过传统渠道（如电话或电子邮件）还是在线聊天服务。如果你希望使用社交媒体来与低放纵文化的客户互动，我建议遵循明确的、符合该文化的准则，尤其对于非正式的沟通方式，如果管理不当，可能让用户觉得不舒服。

第 5 章

个体差异

永远记住你是独一无二的，就像其他任何人一样。

——艾莉森·博尔特（Alison Boulter）

个性化

当谈到如何说服客户（尤其是在大范围内），企业面临的一个关键问题就是目标受众的规模和多样性。如果你的客户有各种各样的需求、目标和偏好，采用一刀切的方法可能会非常麻烦，这就是为什么许多公司通过使用客户的姓名来个性化他们的营销材料，或者提供与客户过去行为相关的内容。

尽管行为定向广告通常能对客户的购买意愿产生积极影响，但这种方法可能会存在隐藏成本，特别是在出现更具侵入性的做法时。这个成本被称为心理反作用，它指的是我们在自由和自主权受到威胁时产生厌恶情绪的状态。

这种情绪会在我们收到不认识、不信任或从未购买过的品牌的广告推广时爆发出来。我最近就亲身经历了这一点，当我在线观看电视节目时，一条 Burberry 的预播广告开始播放。屏幕上出现了一张图片，旁边附带着一条信息，上面写着“你的个性化广告将在 5 秒钟后开始”。在没有任何警告或跳过选项的情况下，视频就开始播放，第一屏的黑屏上还写着“为你定制”。然后，视频中出现一对年轻的情侣，其中的女性显然因为她的情人大量涂抹了“男士新香水”而陷入了迷恋。最后一个镜头展示了这款香水的图像，底部显示着一个难以辨认的“NN”（这是我用来签署个人电子邮件的签名）。这不仅显得非常冒昧，而且因为我从未与这个品牌互动过，也感觉像是对我的隐私的侵犯。

可以说，如果我一开始就对 Burberry 不是很在意，那现在我肯定不会从他们那里购买商品了。

尽管这种经历令人反感，但它确实是一个“令人毛骨悚然”的错误营销的经典案例——这种感觉就是你的每一举动，无论是公开的还是私人的，都被不明智的营销人员所监视、跟踪、分析和利用。令人遗憾的是，个性化不必是这样的。如果你可以提供一个充分的理由（例如透明的价值交换），一旦他们已经了解并喜欢你，他们就会自愿获取信息，而你可以很轻松地使用个性化的方法来促进更亲密的联系。这里的要点是不要过早行动。

智能的设计，个性化的广告、服务和推荐可以有效增强客户的积极情绪，从而让他们更频繁地花更多的钱。因此，你有必要了解一些个性化沟通的基本方法。例如，如果你需要通过电子邮件、应用程序或短信发送信息，请测试哪种媒介的投资回报率最高。虽然市场投资回报率可能因企业而异，但为了获得有意义的结果，你可以考虑使用归因模型，该模型能考虑到客户在购买过程中的每个阶段。

你还可以优化发送内容的最佳时间和频率，以确保最大限度地提高开启率和点击率（大多数电子邮件营销提供商和应用分析工具都可以帮助你进行分割测试）。所有这些技巧都将帮你更深入了解客户的时间表和偏好，但是如果你想以更多心理学的方式实现个性化，就需要深入了解个体差异，首先从性别开始。

性别

尽管互联网普及率不断提高，但在许多国家，男性仍然比女性更容易接触互联网，这种差异也体现在男女性对互联网的不同使用模式中。从寻求健康建议到购物，性别通常是我们在线行为中最准确的预测因素之一。尽管各种研究发现，女性比男性更有可能在网上寻求健康信息（其他因素如社会经济地位也会影响此项数据），但在电子商务方面，英国和美国男性现在在时间和金钱上的投入都比女性多。而对于额外的“性别税”，即相同产品的虚高价格（例如女性洗发水比男性的洗发水更贵），女性不管是在线上还是实体店都需要支付这种费用。

自互联网诞生以来，我们的在线行为越来越多地反映了历史上的社会、文化和经济趋势，其中也包括日常生活中的许多不平等现象。例如，一些研究表明，教育水平和收入水平较低的人倾向于看更多的电视，阅读较少的书籍，这种行为反映在社交平台上就是更多地玩游戏和互动，而不是阅读文章和社交评论。

隐私是一个日益热门的话题，不同性别的人对其也有不同回应。总体来说，女性通常更关心第三方获取个人信息的问题，她们现在比十年前更积极地保护隐私。在一些群组中，她们更有可能发布朴素的照片，提供不准确的个人信息，以匿名的方式写博客，这种行为可能在过去几年中被许多女性遭受的各种恶意威胁所加剧。因此，男性更有可能告知公司和社交平台他们的电话号码和地址，而女性更有可能阅读网站的隐私政策并相应地更改设置。

尽管女性对在线隐私更在意，但她们仍然和男性一样也会加入社交网络，一旦加入，就会更积极地参与，甚至比她们的男性同伴更愿意将个人资料对更多的朋友开放。可能与这个发现有关，女性似乎更倾向于依赖性的自我构建（更关注与他人的关系），而男性的自我构建似乎更独立（更关注自我，排除他人的影响）。尽管性别差异可能确实存在，但其实，同性别之间的个体（例如在一个女性和另一个女性之间）差异往往比不同性别之间（男性和女性之间）还要大。

在不同文化中，性别差异的程度也存在着巨大的不同，这在欧洲和美国的群体中最为显著。然而，由于这些研究大多没有明确对不同职业和代际群体进行比较，因此难以对研究结果进行概括。

如果你看看正在成长的年轻一代，会发现其他的行为差异也是按性别划分的。2015 年，皮尤研究中心发现，虽然 57% 的青少年表示自己在网上交朋友，但有 78% 的女孩是通过社交媒体实现的，而男孩只有 52%。此外，只有一小部分女孩（13%）通过网络游戏交朋友，而男孩高达 57%。游戏似乎在男孩的友谊发展和维护中起着关键作用，而女孩更倾向于使用短信，遇到问题时她们也更有可能解除好友、取消关注和拉黑前朋友。有趣的是，在虚拟社区游戏（例如第二人生）中，人们似乎仍然遵循传统的性别角色，更多的女性会结交朋友和购物，而男性则更多地拥有财产并热衷于建造各种建筑。

就我们使用互联网的原因而言，有证据表明，男性上网的原因更加多样化，其中游戏、博彩和娱乐（包括色情内容）位居榜首。另一方面，女性更有可能上网进行交流、预订旅行和在社交媒体上互动。男性往往是视频和音乐的高黏性用户，他们比女性更多地收听和下载媒体内容。他们还更有可能上网研究产品，并更有可能使用网络新闻组。

性格

塑造我们在线行为的不仅仅是性别。在过去几年中越来越多的研究发现，包括社交媒体互动、对广告的情感反应以及对说服技巧的敏感性在内的许多行为都可能受到人的性格的深刻影响。如果你曾经参加过性格测试，你可能已经猜到一些测试会比其他测试更可靠。尽管像迈尔斯 - 布里格斯类型指标（MBTI）这样的流行（但非科学的）评估大为流行，但如果你真的想要获得有意义的、基于证据的洞察，那么你使用的测试应该有可靠、有效、独立和全面的记录。这意味着它必须在不同的时间、背景和群体中产生一致的结果，还必须在其抽样类别上提供全面的信息。不幸的是，许多企业基于这四个关键标准在重要的财务和结构决策上却失败得一塌糊涂。

虽然没有任何方法是完美的，但"五大人格特质"是行为科学领域中最为成熟和广泛使用的人格测试之一。它的起源可以追溯到费斯克（D. W. Fiske）的研究，后来由科斯塔（Costa）和麦克雷（McCrae）进一步扩展和系统化。它最初包含了 4500 个特质。后来这些特质被减少到 35 个，并通过进一步分析，直至把它们归类为五个主要类别。这些类别分别是：开放性、责任心、外向性、亲和性和情绪稳定性。一些研究人员后来将诚实 - 谦逊作为第六个特质进行了分类，并提出了进化后的 HEXACO 人格模型。

诸如"五大人格特质"之类的测试非常有用，因为它们使我们能够预测一个人的情感、行为和认知模式，以及他们生活中的其他重要方面，比如心理健康、政治倾向、职业选择以及他们的感情生活质量。从商业角度来看，了解你的客户的心理特征（他们的人格、态度和价值观）可以对你进行基本的客户统计和基于角色的营销大有帮助。

随着近年来在各种研究方法上所取得的技术进步，我们已经达到了一个阶段，计算机（基于你的数字足迹）对你的人格的评估可能比你的朋友、家人甚至配偶的判断还要准确和有效。我们已经跨越了一个门槛，进入一个可以自动预测我们性格的世界，而不需要其他人为我们解释各种数据。再加上消费者越来越期望个性化的体验，这在很大程度上解释了为什么许多企业正转向基于人格的分析，来设计和提供更相关、更吸引人和基于特质的内容。

有趣的是，你的性格不仅影响你所使用的语言，还会映射出你在网上表现出的许多行为。例如，当人们上网购物时，具有更高亲和力和责任心的人往往会通过网站采取更实用、直接和直奔主题的路径，而那些具有更高情绪稳定性、开放性和外向性的人则往往会采取更有体验性、更快乐的（因此是周边的）路径。作为一个企业，如果你能够理解你的客户行为，反映他们的语言偏好，并根据他们的特质来调整你的信息，那么在吸引、互动和转化方面将更加成功。

接下来，我们将依次探讨五大性格特质中的每个特质。我们将探讨它们是什么，有哪些关键特征，以及如何从心理学角度优化你的内容，使你的信息传达更有吸引力。然后，你可以利用这些信息来设计特定特质的测试，以帮助你评估和细分你的受众。

例如，你可以运行一个谷歌关键词（Google AdWords）广告系列，测试三个不同版本的展示广告，一个使用“开放性”的词汇，第二个使用“外向性”的词汇，第三个使用“情绪稳定性”的词汇，确保每个登录页面的语言风格与其广告一致。你将能够看到每种风格在展示量、点击率和页面转化率方面的表现，让你了解你的受众中最常见的性格特质，以及什么是最吸引他们的信息类型。你还可以使用推广的推文、新闻标题、脸书广告和 YouTube 上的视频标题来进行这种测试。

在进行这些实验时，值得注意的是，五大性格特质之间存在相互关联，因此你可能会发现还有两个更高阶的因素可以用于区分受众：可塑性（包括外向性和开放性）和稳定性（包括情绪稳定性、亲和性和责任心）。可塑性是指我们倾向于探索和灵活地参与新奇事物的趋势，无论是在行为还是认知上，它与多巴胺有关，多巴胺是一种与探索、冒险和寻求奖励（称为主动行为）有关的神经化学物质。而第二个特质，稳定性，涉及我们保持稳定的身体和心理状态以实现目标的需求，它与血清素系统有关，血清素与饱食感和克制有关。

如果你的客户在可塑性方面表现较好，他们往往会更加善于社交，可能会担任领导职务，并展现出熟练的社交技能和很强的表达能力。他们通常会具有非传统主义倾向，并且更有可能发生性行为，他们通常会观察和调节他们在他人面前产生的印象，以培养自己的地位（这被称为获取性自我监控）。无论在线上还是线下，他们通常会通过自信、自我提升以及帮助他人来实现这一点，如果你正在设计专门针对该群体的信息、活动或竞赛，这是很有用的信息。

相反，情绪稳定性较高的客户倾向于维持现状，以避免情绪、社交和动机受到干扰。稳定性作为一种特质，似乎反映了我们抑制或调节负面情绪、攻击性和分心的能力，高分者通常比低分者更具有遵从性和自我控制能力。有趣的是，情绪稳定性较高的人通常是“早起的人”，他们还倾向于更加敏感地对待他人（有时带有焦虑的关注），以避免社交排斥（被称为保护性自我监控）。

开放性

你是否拥有高度的求知欲、创造力和对新奇事物的偏好？如果答案是肯定的，那么你很可能在开放性方面得分较高。开放的人喜欢多样性，并积极寻求（并审视）新的知识和经验。他们往往富有想象力、洞察力和冒险精神，有研究表明，开放性是最不容易受到说服策略影响的特质之一。这些人通常具有灵活性、独立性和自我情绪意识，开放的人通常擅长监控自己的情感，往往思维开阔、独具原创性和智慧。

相比之下，在开放性上得分较低的人往往更加封闭，倾向于传统的、常规的观点，更喜欢熟悉的例行程序而非新的经历。他们可能在抽象思维方面能力不足，并且更容易受到宗教信仰的影响，表现出更狭隘的兴趣范围，倾向于权威主义、保守主义（有时是种族中心主义和偏见）的观点。

操作指南

高开放性

- 特征

高开放性的人通常具有创造力、好奇心、想象力和洞察力，他们独具原创性，不拘一格，并拥有广泛的兴趣。开放性得分较高的人更容易陷入幻想和对美的追求，并对新奇的行为、想法和价值观感兴趣。他们通常偏爱新的、强烈的、多样的和复杂的体验。

- 在线行为

高开放性的人倾向于更频繁地在脸书更换个人头像，他们可能更喜欢在线购物、浏览博客、娱乐，并访问艺术和动画网站。他们喜欢商业营销、商业服务、艺术和摄影，并在脸书上拥有许多点赞、状态分享和群组（即兴趣），经常发布有关知识性话题的帖子。

- 构建你的信息

高开放性人群喜欢创意和智力上的刺激，因此我们应该在信息中使用创新、智力、复杂性、想象力和创造性等词语。通常更具智力特质的人倾向于使用更多冠词（the），较少使用代词（我、它），一般避免使用第一人称单数和复数（我、我们）以及第二人称（你）。开放性的人思维也更抽象，较少涉及现实世界的事物，因此我们在宣传时应避免涉及休闲、家庭、家居以及时空等方面的内容。在可能的情况下，尽量不要使用否定语（如“不”），使用介词如“在”和“之后”时要注意事物之间的联系。一般而言，你可以在信息中更加强调客观，避免感性感知。你可以在信息构建上探讨不同事物之间的关系（如因果关系、差异）。开放性人群倾向于接受不确定性，会对艺术和美学作出积极回应，因此可以使用隐含而不是显性的信息。你要借助他们的好奇心，使用蕴含神秘感的要素，引导用户思考其含义。

- 说服原则

你可以使用互惠原则、社会压力（例如，指出其他人是否违反了社会规范），关注希望/收益而不是义务/损失，以及强调实际利益（他们将从特定行动中获得什么好处）来说服高开放性的人。

低开放性

- 特征

低开放性人群的特点是实际、明智和直接，他们倾向于务实，是切实的思考者，且在世界观上保守、传统。他们通常固执己见，更喜欢保持简单的状态，他们关注细节，专注于完成任务，而不愿深入进行抽象思考。

- 在线行为

低开放性人群更有可能在网上分享他们最喜爱的娱乐内容的信息，访问文献参考类、教育类、电视类、体育类和儿童购物类网站。有趣的是，他们更有可能成为维基百科的编辑者。

- **构建你的信息**

由于开放性得分低的人不太喜欢阅读，更喜欢通过图片、表情包和视频等方式更直观地获取信息。你可以在沟通时多使用数字，多使用过去时和现在时的语态，并使用更多的代词（我、它）、第一人称单数和复数（我、我们）以及第二人称（你）。与开放性得分高的人群相反，低开放性群体会更好地回应关于空间和时间的词语，以及现实世界事物的具体信息。对他们来说，否定词（例如“不要”）倾向于有效果，同时这一群体更重视社交过程中的情感，尤其是关于家庭的情感呼吁，会取得良好的效果。低开放性人群对休闲和家庭更感兴趣，对同意性的词语（例如“是”）也会做出积极回应，他们更感性、更生物化，认知能力更低。在可能的情况下，请避免不确定性，明确表达你的信息所包含的结论，不要让读者过多思考。

- **说服原则**

你可以使用权威、遗憾的信息（例如，“如果行为X给你带来痛苦，你会感到难以忍受”），互惠原则，以及鼓励行为（例如，“如果你做了X，你会得到礼品卡”）。你的信息应该侧重于义务和损失，而不是希望和收益。

责任感

你是否善于组织，可靠，自律且尽职尽责？是否更喜欢制定计划并追求成就？如果是这样，那么很有可能你在责任感方面得分较高。具有高度责任感的人通常以一种相对一致的方式思考、感受和做事，他们一般都坚韧、可靠、有条理、谨慎（与粗心相对）和果断。具有高度责任感的人也更擅于推迟满足感，有遵循规则的倾向。

实际上，如果你追求积极向上的生活成就，无论是在工作绩效、事业成功，还是婚姻稳定性、寿命、健康的生活方式甚至是饮食习惯上，这一特质都是最可靠的预期因素之一。而这一特质得分较低的人通常更不负责任，行为更傲慢，更难以控制有伤害性的言论，对伴侣的回应也较差。

操作指南

高度责任感

- 特征

具有高度责任感的人通常很有能力、有条理、自律且尽职尽责，表现出良好的情绪控制能力以及对秩序和结构的偏好。他们会积极努力地实现目标，是深思熟虑、勤奋、可靠且果断的人。

- 在线行为

具有高度责任感的人倾向于上网学习或工作，撰写评论，并访问教育类、词典类、电子产品类和儿童购物类等网站。有趣的是，他们可能不爱用脸书。

- 构建你的信息

具有高度责任感的人重视效率、目标追求、成就和秩序，因此你可以围绕这些动机创建内容，并避免传递有风险暗示的信息。使用负罪感（高度责任感的情感核心）和尴尬来传达信息通常对高度责任感人群有很大的激励作用，可以激发他们的助人意愿和责任感。你的语言应该正式而“得体”（不要说脏话），使用冠词，并且避免关注到具体的人。在信息框架中加入时间概念可能会有帮助，要避免谈论因果关系或差异。不要以过于犹豫不决或武断确定的方式和这类人沟通，这些极端情况应该是我们极力避免的。

- 说服原则

对这类人，承诺和一致性原则效果良好，互惠原则也有效。

低责任感

- 特征

低责任感人群通常表现出缺乏条理性、凌乱、富有创造力、缺乏志向、健忘且常常迟到的特点。他们不太可能遵循规则，更倾向于混乱而不是秩序，不拘泥于传统，也很少成为保守派。他们其他的特征包括粗心、不负责、无秩序、轻浮与冲动。

- 在线行为

在责任感方面得分较低的人群倾向于更多地使用脸书，并频繁浏览包括自己主页在内的页面，还拥有许多点赞和群组。他们在平台上会表现出寻求认可的行为（比如发帖以感觉被包容或使他人更亲近自己），联系和关心的行为（向他人表示关心和支持）以及引人注目的行为（包括炫耀）。从大面上说，低责任感的人常常表现出负面的互联网行为，如病理性赌博、拖延症和网络闲逛，他们更有可能成为维基百科的编辑。这些个体倾向于访问有关心理健康、音乐、动画和文学的网站，并不喜欢展示自己的真实面貌，而更倾向于呈现出一个理想化的形象。

- 构建你的信息

要想更好地触达低责任感人群，你可以在信息中适当使用粗口、应允以及否定和消极情绪，特别是愤怒和悲伤情绪。聚焦于信息中的个人元素也是一个有效的办法，你甚至可以在信息中包含与死亡相关的内容。任何看起来具有社会排他性和蕴含风险的内容也会吸引这个群体。

- 说服原则

互惠且将利益限定在现在而不是未来，对这类人能起作用。

外向性与内向性

你是充满活力、积极、自信且善于社交的人吗？在他人的陪伴下，你倾向于寻求刺激吗？如果你的回答是肯定的，那么你可能在外向性方面得分较高，很可能是好交际、健谈且雄心勃勃的人。通常来说，他们比内向性的人更善于表达自己，更擅长破译非语言信息，可能很容易交朋友，但他们也有支配欲较强的倾向。

尽管高外向性的人可能通常更快乐，并且拥有更多的性伴侣，但他们也更有可能因事故或因病住院而早逝。因此，可以通过你的外向程度可靠地预测你的酒量、受欢迎程度和约会生活的多样性等。而另一边则是内向者，他们通常更为保守、害羞和内向，通常更容易陷入工作任务中。内向的人倾向于思考问题并善于理性思考，但也有过度思考的倾向。

操作指南

高外向性

- 特征

高外向者热情好客、自信、热情、积极而活跃。除了外向和乐观外，外向性得分较高的人通常喜欢刺激，且追求兴奋的感觉。

- 在线行为

和你预想的一样，外向者会更多地谈论社会事件，并且通常更有动力进行原创，在网上发泄负面情绪，进行自我提升等。这些网络爱好者会访问与教育、环境科学和音乐相关的网站。高外向性的人喜欢社交和谈论自己、家人和朋友，并分享有关他们最喜爱的娱乐内容。他们主要使用脸书进行沟通（在他人的留言板上留言和评论帖子）、情感披露（例如发帖谈论“奇葩”和发泄不满），以及展示他们真实的自我。他们一般会有更高的脸书使用率，拥有更多的朋友，更喜欢浏览自己的页面，添加其他人的照片，并更频繁地更改他们的个人资料图片。

- 构建你的信息

要吸引外向者，需要使用较短、不太正式的语言和感叹号，以及包括诸如强大、外向、活跃、激动人心、吸引力、惊人、派对等积极的词汇。高外向性的人倾向于使用大量的第一人称复数（我们，我们的）和第二人称（你，你的），通常喜欢谈论家人、朋友、身体以及性或性取向。他们的语言通常是不受限制的、社交性的、包容的，对此你的信息应该简单明了且确定，并使用积极的情感内容。外向者更加感官化，并且喜欢更大的刺激（包括更大声的广播信息），同时会受到兴奋、奖励和社交关注的驱动。

- 说服原则

互惠原则、社会比较、强调稀缺性、投其所好、进行社会证明，以及“现在买，以后付款”这样的折扣促销（外向者更看重现在的事物）都对这个群体有效。

高内向性

- 特征

内向的人通常更加保守、安静、害羞和寡言。他们有沉浸在工作任务中的能力，也往往容易陷入幻想之中，并且通常思虑周详，可能会很容易感到疲惫。内向的人通常朋友较少，更喜欢独处。

- 在线行为

内向的人往往喜欢自我反省，喜欢基于计算机的活动，比如使用 Photoshop 和编程等，他们经常在网上谈论幻想和爱好，喜欢动漫和电视剧。内向的人对自我探索感兴趣，他们会访问电影、文学、漫画和儿童购物的网站，也可能更容易陷入病理性赌博。

- 构建你的信息

内向的人更可能使用基于文本的表情符号，使用更长、更正式的语言（他们更可能使用冠词、副词和介词），来表达愤怒和焦虑等负面情绪。由于内向的人通常更加内敛、思虑周到、犹豫不决和沉默，把这种特点体现在你的沟通中会有帮助。你在信息里应该更多谈论因果关系（深入探讨你的沟通背后的原因），并且着重关注工作和成就。

- 说服原则

社交压力策略和互惠原则等方法通常对这个群体有效果。

亲和性

你是否富有同情心并拥有合作精神，而不是对他人具有挑战性、怀疑心或对抗性？如果是这样，你可能在亲和性方面得分较高。这种特质描述了我们在与他人相处时是否愉快、有亲和力且和谐，得分较高者通常被描述为考虑周到、热情和友善的人。虽然极具亲和力的人通常受人欢迎，但这往往是因为他们会为他人的缺点找借口。由于他们在情感上敏感，因此更容易受到有说服力的论点的影响。有研究表明，有亲和力的人最容易受到说服策略的影响。

在面对冲突时，随和的人通常会采取更有建设性的方法，常常将竞争转化为合作。他们通常更具共情能力，更容易看到他人的观点，并且更有可能帮助他人，无论是朋友还是陌生人。当他们经历困难情绪或令人沮丧的互动时，神经科学研究表明，亲和性得分高的人会自动调节情绪（甚至有一项研究发现，不同的孩子在对待“令人失望的礼物”时也存在这种差异）。

操作指南

高亲和性

- 特征

在亲和性上得分高的人具有利他主义、合作和信任的品质。他们以直接和真诚的方式进行沟通，通常是谦虚、温和、富有同情心、对周遭充满感激且深情的。

- 在线行为

亲和性得分高的人往往是脸书的狂热用户，他们浏览页面频率较高，包括他人和自己的。他们通常在网络平台上展示真实的自我，并利用平台与他人进行沟通、联系，以及关心和支持他人，同时寻求对自己的认可。他们乐于访问与教育、疾病和商业物流有关的网站。

- 构建你的信息

要吸引这个群体，你所传达的信息应强调与家庭和社区的联系，以及共同目标和和谐的人际关系。你的语言可以更加包容（使用“我们”“我们的”）、友好，在情感上更加积极，更关注人们所看到和感受到的东西。你还可以模仿这些高亲和性的人使用数字和过去时态的习惯，在宣传内容上包含一些关于身体和性的内容（相比针对外向者来说，程度要低一些）。涉及休闲和家庭生活的内容也会受到他们的欢迎，要注意最好避免传递有风险的消息。

- 说服原则

对高亲和性人群，互惠原则、社会比较和威慑信息（例如，说明某种行为与刑事惩罚相关）都是很有效的做法，道德信息（如“X 行为是正确的选择”）和遗憾信息（如“如果 X 行为给你带来痛苦，你将承担严重的后果”）也是行之有效的。亲和性高的人对社会认可和好感度更加敏感，也对规避损失更为重视。

低亲和性

- 特征

亲和性得分低的人通常是自私、有竞争心、个人主义和无情的人，且可能粗鲁、无礼、刻薄和不易相处。他们可能是叛逆、冷漠和顽固的，且具有好斗、对抗、不信任别人、喜欢讽刺、愤世嫉俗的倾向。

- 在线行为

低亲和性者更有可能会在多人网络游戏中成为刺头，他们会使用脸书寻求关注，并访问儿童和青少年、社会、心理健康、医学和宠物等网站。他们还喜欢一些在线购物网站，且更有可能成为维基百科的编辑。

- 构建你的信息

这些亲和性得分较低的人更可能咒骂别人，表达消极情绪（尤其是愤怒），并谈论死亡，你可以在你传达信息的语气中多反映出这一特质。谈论因果关系、金钱，以及将你的信息包装成一种风险，都对这个群体很有效果。

- 说服原则

互惠原则对这类人群是颇为有效的。

情绪稳定性

情绪稳定性指的是我们对环境压力反应的大小程度。在这一特质中得分较高的人对压力的反应较小，通常情绪平稳、冷静，不太容易感到紧张。他们往往情绪更加稳定和有韧性，能够更好地应对失败、挫折和困难。而得分较低的人则可能更加悲观、不安全感更强，自我意识更强，更易受伤。他们往往会经历更大程度的焦虑、抑郁，对外界更有敌意，更有可能冲动行事，并且相对于得分较高的人，更难以应对令人不悦的事件。

操作指南

高情绪稳定性

- 特征

情绪稳定的人通常冷静自若，不容易被打乱节奏或受到困扰。他们镇定、不容易激动，内心平和，心态比较放松和自信。

- 在线行为

情绪稳定性较高的人经常谈论社交计划和体育活动，喜欢浏览摄影、数学、营销和商务物流等网站，并喜欢网上购物。

- 构建你的信息

这个群体往往会在谈话中频繁使用第二人称（你、你的），乐于谈论他们的朋友和周围的环境，表现出一种普遍的自信。

- 说服原则

互惠原则对这类人也很有效，而让顾客感到某种恐惧（如再也买不到 ×× 了）的营销语言通常比非恐惧性的要更有效一些。

低情绪稳定性

- 特征

情绪稳定性低的人多半容易感到焦虑、抑郁、敌对、紧张、情绪多变和冲动行事。他们的自我意识很强，且比较脆弱，难以应对逆境，可能会产生非理性行为、情绪低落，容易感到不堪重负。

- 在线行为

情绪稳定性低的人更可能上网写评论、博客，观看色情内容，以及虚度时光，还会分享自己喜欢的娱乐信息。他们常常通过上网寻找归属感，使用脸书不仅与他人交流和查看个人资料，还用于情感表达（通常意味着发泄）和呈现他们理想或虚假的自我。他们更容易陷入病理性赌博，并会访问与宠物、童子军、体育和物理相关的网站。

- 构建你的信息

情绪稳定性低的人通常对威胁和不确定性更敏感，因此任何围绕安全感和稳定性的信息都会吸引他们的注意力。这个群体对与他们个人相关的内容反应也会更好，像“不要这样做”和“永远不要那样做”这样的短语会更具说服力。信息中的矛盾之处也会引起他们的注意，因此除非你有意使用这种策略，否则要避免犯任何自相矛盾的错误。情绪稳定性低的人通常更关注自己（我，我的）而不是他人（你，你的），容易说脏话，并更频繁地使用否定词（如“不”）。尽管他们通常会在网上表达各种负面情绪（如焦虑、愤怒和悲伤），但可能只是暂时的和抑郁的，因此最好避免恐惧诉求。相反，你更应该关注社交排他性、身体感受、因果关系和确定性。

- **说服原则**

互惠原则、社会比较、稀缺性、权威和社会证明都可以很好地发挥作用，由于这个群体对外部控制有很强的反应，所以只针对他们演讲也很有用。

2 PART

第二部分
说服性沟通

交流

当你说话时

1个思想系统 表达者和聆听者的大脑在尝试匹配同步

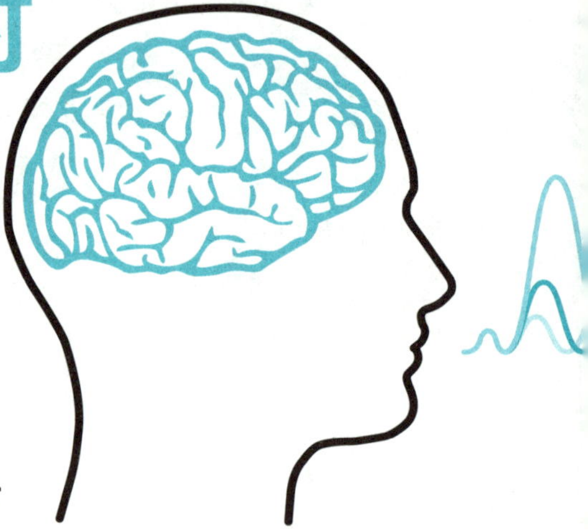

内容和媒体

网页	图像	视频	社交媒体
目标和测试	引导注意力	引发情感	积极回应
有明确的目的	微笑最具杀伤力	有明确目的	温暖且个人化
保证视觉流畅度	能回应读者的特质	关注个人	情感互相感染
简化复杂的操作	保持对称	使用叙事弧	模仿你的用户
清晰的行动指示按钮	模特直视读者	引发情感变化	使用激发性词语
使用高质量图片	使用肢体语言	使用峰终定律	建立人设
引导用户的注意力	知觉编组	设计缩略图	及时回复
谨慎使用动态画面	用神秘感吸引人	出人意料	融入期待感
让内容全球本土化	触发情感	考虑显示纵横比	承认你的错误

神经匹配

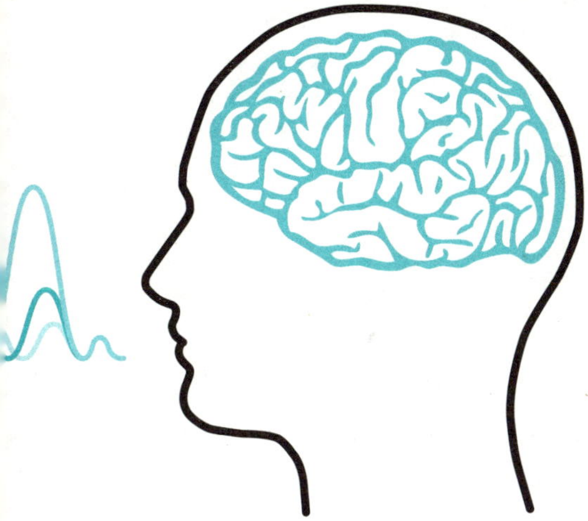

思维融合

2个人共同沉浸在一个故事中时，双方的头脑会出现类似的神经行为。

网站

色彩心理学

红	诱惑的，危险的，性感的，吸睛的，感性的，热的，积极的，活跃的
蓝	冷静的，让人放心的，放松的，悲伤的，信任的，安全的，富有的
黄	积极的，兴奋的，感兴趣的，温暖的，疲倦的，幸福的，危险的
绿	放松的，状态好的，富有的，文雅的，平和的，冷静的，美丽的
黑	富有的，繁荣的，死亡的，正式的，世俗复杂的，严肃的

你的网页吸引力可从两方面被衡量

美学	动态
具有文化特异性的	普遍适用的
吸引人的	吸引眼球的
看起来舒适的	五颜六色的
和谐与有品位的	使用和互动起来有趣的

第 6 章
说服的基本原则

有说服力的沟通是指：传达任何旨在塑造、强化或改变他人回应的信息。

——杰拉德 · 米勒 (Gerard Miller)，社会心理学家

说服的过程使我们能够影响别人的态度、信仰、动机、意图和行为，或者反过来被别人影响。从请求加薪、恳求孩子们去吃西兰花，到交战国家之间进行和平协议的斡旋，绝妙的说服是一种微妙的舞蹈，能够缩短不同观点之间的距离，帮助我们朝着相互有利的结果努力。

说服：系统式 VS 启发式

广义上讲，有两种主流的说服方式：系统式说服（当你利用某人的逻辑和理性）和启发式说服（当你利用某人认知的经验法则）。举个例子，假设你想用系统式的方法说服你的用户购买电动牙刷。在这种情况下，你可以列出它的规格参数，强调其卓越的质量，并传达出它与竞争产品相比的性能优势。然而，当你使用启发式说服法时，你可能会说“这款牙刷非常受欢迎，我们的库存几乎要卖完了”（稀缺性），或者说“这是牙医们使用最多的牙刷”（权威性）。由于我们的认知能力有限，系统

式方法会需要更多的努力，大多数说服策略通常依赖于启发式来影响我们的决策［关于这两种说服方式的系统的精彩探讨，我强烈推荐大家阅读卡尼曼的《思考，快与慢》］。无论你决定采取哪种方法，你都必须从信任的基础上出发。作为幸福、良好运作关系的发展和维护的最重要成分，信任（或缺乏信任）可能是一段成功伙伴关系的成败关键，这一点无论是在恋人之间、朋友之间，还是品牌与其客户之间都适用。

操作指南

说服方式

- 系统式说服

如果你的潜在用户对认知有较高的需求（他们会参与思考并喜欢思考），那么采用系统式说服方法可能会更奏效。你需要列出你的产品或服务的规格，以及与竞争产品相比在质量或数量上的优势，再加上独特卖点介绍。以一种有逻辑、流畅的方式让你的用户轻松获取信息，同时在他们想要进一步了解的时候，允许他们深入了解细节。使用分页或下拉菜单来在视觉上分割信息会是一个很好的方法，这样能降低认知负荷，同时让所有相关信息保持可访问性。

- 启发式说服

如果你的受众在时间和注意力方面比较匮乏（这是大多数人的情况），对认知需求较低，那么采取较为省力的方式（启发式）可能会更有效。这意味着要通过设计体验、信息和互动，利用认知经验法则来说服对方，比如产品或服务的稀缺性、社会证明和好感（还有许多其他法则），我们将在本书第三部分中更详细地探讨这些法则。

信任与同类吸引

如何建立一个坚实的信任基础，以便进行有说服力的沟通呢？塑造并表达企业的价值观会是很好的一个开始。尽管宣传合作和公平交易的企业已经引起公众关注一段时间了，但近年来，我们看到越来越多的知名企业迅速崛起，它们的业务模式不仅关注盈利，还致力于产生积极的社会和环境影响。

随着越来越多的消费者（尤其是千禧一代）期望企业能公开承诺履行良好的公众行为，企业正面临着越来越大的压力，它们要更透明地展现出发展的源动力。像共益企业认证（B Corp）这样的运动（为那些希望同时造福社会和股东的企业提供了一个很好的规范和认证）已经将这场较量推到了前台。如果你还对这种影响有些疑虑，仅仅在 2015 年，尼尔森报告称，对可持续发展进行承诺的品牌的全球消费品销售增长了 4%，而没有承诺的品牌仅增长了 1%。无论你的动机如何，可以说积德行善总是值得的。

无论是通过共享的价值观还是其他被感同身受的情感因素，当信息来源者（如人或品牌）试图说服我们时，我们往往对那些我们认为可爱、可信和与自己相似的人作出最积极的回应——这就是同类吸引原则。考虑到我们还会将同类的信息源评价为更值得信赖和可靠的，如果你能够将你的信息设计得与客户的心理特征（他们独特的价值观、动机和需求）相匹配，那么你的产品很可能会更深入地吸引他们。

尽管可能带有欺骗性，但大企业总是精心塑造自己的形象，以便引导我们购买他们的产品。你在广告中肯定已经遇到过这种情况：友好、穿着得体的“律师”告诉你你有权获得赔偿，或是漂亮的“医生”告诉你这种特定品牌的减肥药是安全的。我知道你会说：“那只是一个演员。”是的，他们是演员，但即使这名演员从未在法学院或医学院待过，他们看起来很靠谱这件事往往也足以让我们的潜意识相信他们传达的信息是可信的。

这些类型的广告之所以有效，是因为它们利用了人类大脑惊人的"外貌线索"识别能力，当与个人的吸引力水平相结合时，它可以显著影响我们对某人的信任程度。事实上，这个奇特的特点在1979年的一项巧妙研究中得到了凸显，当时一组研究人员要求一些学生去街上签署请愿书。结果表明，最成功的请愿者也恰恰是被大家认为最有吸引力的人。

操作指南

- **你相信我吗？**

我们倾向于信任那些讨人喜欢、可信且与我们相似的人，并且会认为与我们相似的信息来源者更加可信和可靠。为了在沟通中充分利用这一点，你需要研究你的受众的价值观、动机和需求，并在你创建的语言和视觉内容中反映出这些特点。客户的个性、年龄、性别和文化属性都能影响他们的偏好，因此，无论你是使用员工还是演员来传达品牌的价值观和信息，请确保他们和你的目标用户有重要的共同点。

- **外表很重要**

我个人认为在广告中使用假医生和律师有点低级，如果你可以诚实地利用外貌表现（通过使用真正的医生、律师、女商人或其他人），这是一种快速、简便的方式来在视觉上传达可信度和权威性。

- **行善之道**

人人都能很快嗅出自私的宣传手段，因此当你在宣传你的企业善举时，可信度和真实性是至关重要的。为了获得最佳效果，你需要通过多个渠道展示你的行为，例如使用第三方验证（如独立研究或新闻报道）、与受人尊敬的非营利组织的合作、完成年度报告或员工志愿服务。你还可以通过在相关社交平台（如 Instagram 和 YouTube）上分享你在社区所做的工作来扩大影响（视觉内容往往效果最好，因为它更易于被人接受，引发更快的情感反应，并且可以快速分享）。

流畅性

就信息的说服力而言，我们发现听众容易听懂（认知流畅性高）的信息往往最有效。无论内容如何，如果你能以视觉上清晰（感知流畅性）、音韵简单（语言流畅性）和语义启发（概念流畅性）的方式呈现信息，它很可能会比不够流畅的同类信息让人信服。无论在线上还是线下，这都会让客户体验更平滑、更无摩擦的服务，从而与你的品牌产生积极的情感关联。

如果你想提升所传递信息的流畅性，有各种方法可以尝试。其中一种方法是使用重复法。当人们多次看到或听到一个陈述时，他们往往会认为它更可能是真实的（无论他们是否记得之前见过它），而那些新的、不熟悉的陈述则会让人感到陌生，不可信任。这就是为什么重复的行动指示按钮和标语往往更容易被记住，且更能激发人们的购买欲望，例如麦当劳的“我就喜欢（I’m lovin’ it）”。

另一种提高信息流畅性的方法是把信息变成能隐性引导客户的样子，这样当他们看到类似的东西时，它会感觉熟悉，大脑更容易处理。耐克著名的三字标语就是一个很好的例子。如果你认出他们的口号“想做就做（Just Do It）”，那么你很可能也会认出他们的“活出你的伟大（Find

Your Greatness)”活动，因为它遵循相同的三词结构。

你还可以通过让人们更容易处理并感知你的设计来增加信息的流畅性。研究表明，当网站在视觉上易于理解（感知流畅性高）时，我们会感到愉悦，从而增加了我们的购买意向和回访的可能性。你可以通过进行用户测试来看看你的网站或营销内容是否具有高的感知流畅性，以评估访问者无误地识别内容的难易程度。你所需要做的是简化和组织你的视觉内容，以减少访问者的认知负担。

当撰写文字内容时，你可以通过增强文本与背景之间的对比度，以及使用易于阅读的无衬线字体（例如 Arial 或 Helvetica）来最大限度地提高语言流畅性。这些字体不仅提高了阅读流畅性，还能引发积极情绪，这反过来又可能会提高客户的购买欲望。

诸如 North Face、Jeep 和 American Apparel 等大品牌都在其徽标中采用了这种方法，这种策略使信息更易于阅读，指示更简单易懂。这产生了一个积极的效果，客户通常会把标识的简洁归因于相关产品的高质量，如认为其所代表的产品或服务也是如此精心设计的。许多优秀的登录页面都在其设计中使用了这些语言和感知流畅性的原则，OKCupid 的主页就是一个很好的例子。其拥有简单的布局，强有力的独特卖点（“加入地球上最好的免费约会网站”）和一个推进行动指示的按钮，页面的简洁性使其浏览起来顺畅、快速，从而增加了新访问者的转化可能性。

如果你使用的是新词、陌生的名称或概念，你需要注意，发音越简单的词（以及你使用的句子结构越简单），你的信息就会被人感觉更安全。当然，在某些情况下，你实际上可能希望你的文字传达一种风险感，特别是如果你正在为一次让人颤抖的过山车之旅编写广告，并且你希望主动吸引寻求刺激的用户。同样地，在某些情况下，我们也会故意让客户处理困难或有认知负荷的信息，其中可以通过使用普通人不熟悉的文字来降低日常产品的吸引力，从而使奢侈品或特殊商品（在这种情况下，我们更有可能在意独特性）显得更加独特或稀缺。

尽管许多研究表明，成功的沟通关键在于满足用户的期望，但与大多数心理学事物一样，现实比理论要更加复杂。例如，当文本难以阅读时，我们需要更多的时间来处理信息，这不仅可能反而让我们更容易记住它，还可能导致让我们认为产品的性价比更高。更重要的是，尽管我们可能更喜欢流畅的文字，但在面对商品促销优惠时，往往以越难以阅读的排印方式宣传的价格，越容易实际上增加销售额。当然，这两种情况都取决于我们成功处理不流畅文字的能力，取决于我们更深入地处理信息的能力（系统性说服）。

最后我想就“不流畅性”再提一点，这与信任建立和企业社会责任（CSR）有关。虽然大多数消费者和高管都认为 CSR 对公司的声誉和长期股东价值有益，但有几项研究发现，如果关联性不一致，传达奢侈品牌的 CSR 行动实际上可能会损害该品牌的形象。例如，如果用户将劳力士等奢侈品牌与自我增强（对资源和其他人的支配）的概念联系起来，那么专注于亲社会影响的 CSR 战略将与此形象相冲突，产生认知失调，由此可能会削弱品牌的可信度。另一方面，同样的 CSR 战略可能对 TOMS 鞋等以自我超越为核心价值的品牌效果显著。这是因为品牌概念会自动且潜意识地激活相关的动机和目标，如果品牌激活的动机与其 CSR 行动激活的动机之间存在冲突，可能会对该品牌的声誉产生负面影响。

然而，就广告而言，包含适度不一致的品牌信息却可能会让客户对信息有更深入的处理，更好的回忆和识别度，并且对广告本身和品牌都会产生更积极的态度。这里的诀窍是在一致和极端不一致之间找到平衡点，一个人们有足够认知资源来理解新信息而不感到困惑和沮丧的平衡点。如果他们不能理解这些差异，实际上可能会削弱品牌形象，客户最终可能会完全忽视广告。无论采取什么方法，都要记住，没有一种单一的策略适用于所有个性和所有情境，因此，如果你想有效地应用这些原则，你需要进行分组测试。

操作指南

流畅性

- **重复和回放**

无论是在你的网站上还是营销材料中，如果你想将用户的注意力吸引到一条信息或一个行动指示按钮上，你必须在设计中让该信息（行动指示按钮）在页面中多次重复出现，以增加流畅性，但不要多到让人讨厌的程度。当然，这意味着你需要进行多种条件处理下的多次单独测试，直到获得所需的结果，你可以使用像 Optimizely（用于全站 A/B 测试）或 Unbounce（用于登录页面）这样的服务来进行测试。

- **结构**

虽然这个原则较难实施，但如果你有一条让人过目不忘的标语，你可以通过复制标语的结构或节奏，或使用意思相似的词来增加相关信息的流畅性。

- **感知流畅性**

通过保持信息的简洁，使用清晰的视觉层次结构，减少视觉杂乱，使用颜色或前景与背景之间的高对比度，并在适当的情况下利用对称原则，这些都能让人们更容易处理你的视觉内容信息。

- **语言流畅性**

如果你希望人们熟悉你的品牌，遵循你的指示，或更快地阅读你的内容，请使用清晰、明确的文本和易于处理的无衬线字体。尽量使用简单且易于发音的词汇和简洁的句子结构。

• 何时使用不流畅性

当你希望客户更深入地思考你的信息，或想提供更为独特的奢侈品感觉，或者你想增加促销产品的销售（例如通过设计横幅广告）时，请使用较难阅读的字体，比如 Mistral 或 Monotype Corsiva。

第 7 章
优化你的网站

大多数网页设计问题都没有简单的“正确”答案（至少对于重要问题来说）。只有那些能满足需求的优秀整体化设计才会有用，而这需要经过深思熟虑、精心执行和反复测试。

——史蒂夫·克鲁格（Steve Krug）

在浏览网站时，会有大量的因素在左右访问者的动作和行为。由于人们使用不同的设备和浏览器浏览，毫无疑问，网站必须使用响应式设计，以便在所有设备上提供良好的用户体验。这一点尤其重要，因为网站的美观度和易用性会显著影响点击率。

虽然有众多的因素能影响到你所设计的网站，但一个网站的成功往往归结为以下两点：

——谁会使用你的网站（包含人口统计和心理统计）；

——以及为什么使用（即，他们的目标）。

根据心理学家马塞尔·戈曼斯（Marcel Gommans）及其同事的研究，一个好的网站“必须为特定的客户细分而设计”，这意味着对目标市场进行细致分析应该成为你的网站和营销策略的基础。然而，正是这么基础的一件事，却被许多企业忽视了，这也成为它们失败的最大原因之一。

在电子商务方面，你可能面临的最大阻碍就是客户对你缺乏信任。从他们进入你的网站的那一刻起，你只有短短几秒钟的时间来给他们留下积极的印象。如果你没能吸引他们，他们会离开，并连同他们宝贵的购买力一并带走。由于你的可信度水平对你的说服力有很大的影响，我们现在来探讨一下如何提升可信度。

在一项研究中，研究人员调查了网站内容与整体设计对网站可信度的影响，他们发现那些主要为了寻找信息或产品的访问者，可能更关注网站内容而非内容的呈现方式。在这种情况下，网站信息的准确性、有用性、清晰度和重点能否突出就显得至关重要了，此外还需注意网站内容的写作语气、隐私和客户服务。相比之下，不同于那些寻求信息的访问者，常规访问者会花更多时间在网站本身上，他们更有可能注意到设计、易读性、功能性和感知安全性等因素。

除了产品描述和客户评论，在进行电子商务时，我们和客户的许多互动仍然是以非语言形式呈现的，比如我们通常会依赖网站的外观和感觉（美学或设计）来决定自己是否会留下来。有趣的是，某些设计特点，包括品牌效力和提供用户反馈的能力，都可以增加客户的信任，并且显而易见的一点是，如果我们喜欢网站的外观和功能，我们更有可能再次访问该网站。无论你是以个人还是公司的名义进行交易，充满活力和专业知识等特质都是增强在线信任的强大因素。与此同时，在整个网站中保持一致的设计也非常重要。那么，你可以采用哪些与心理学相关的方法来增强你的网站美学和非语言性吸引力呢？

审美

如果你追溯你的祖先，穿越历史，你会发现他们对美的感知会因他们所生活的地方和时代而有所不同。从最早的古代文化中的丰满的维纳斯女神塑像到今天的零号模特，乍看之下，人们可能会认为美学本质上是动态的。然而，虽然时尚可能塑造了美的流行观念，但如果你深入挖掘，你会发现许多吸引力的基本原则在各个时代都保持了一致。

从精心策划的自拍照到光鲜亮丽的高端广告，我们通过修饰的世界展示了对美本身不安的追求，正是这种对完美和性的理想化驱动了一些最有影响力的人类沟通技巧。虽然这可能有些陈词滥调，但我们都知道情欲真的能卖货。

弗洛伊德在说男人会受到一点“床上事”的生理驱动时，只对了一半——女性也是如此，虽然可能不适宜使用明显的性暗示来吸引潜在客户的注意，但人类对对称形体的偏好（特别是脸部）可以作为性状遗传下去就是一个有说服力的标志，有性张力的人能触发观众的吸引反应，无论他们的性别如何。

虽然我们可能会觉得对称的面孔更具吸引力（想想碧昂丝和乔治·克鲁尼），但有趣的是，这种对对称性的偏好也扩展到了其他视觉媒体，从简单的黑白几何形状到网站设计本身。事实上，在最近的一项功能磁共振成像研究中，心理学家发现我们大脑中的特定区域在我们对美感做出审美判断时变得活跃，而在我们对对称性进行判断时也会变得活跃。

这可能听起来并不算什么，但它表明对称性与美感之间存在神经联系，意味着使用对称性的网站设计能使其更有吸引力。当然，我并不是说如果你把网站分成两半，你应该在每一侧找到一个完美的镜像图像；我是说，你页面的右半部分和左半部分内的视觉组件应该保持一种平衡。

上面谈到的对称性是一种增加品牌吸引力的好方法，你还可以使用其他视觉技巧更有说服力地传达你的信息。例如，普林斯顿大学神经科学研究所的研究人员发现，在面对杂乱的视觉场景时，这种杂乱本身会限制你的大脑集中注意力和处理信息的能力。相反，如果你从你的网站中去除不必要的视觉杂乱，将使你能够引导访问者有限的注意力集中在重要的信息或行为引导上（再次增加认知流畅度）。

颜色是另一个极具影响力的设计要素，特别是它们能激发一些特定的情感和联想。例如，如果我让你想象一种清新的颜色，你会想到什么？如果让你想象一种具有攻击性的颜色，或者一种具有平静感的颜色，你会想到什么？如果你来自西方，你极有可能会依次想到绿色、红色和蓝色，而不需要太多的心理努力。我们经常用感性的词语来描述颜色，然而因为我们很少深究其因，我们很容易忽略的一点是，我们的经验、联想和意义构建可能与我们的客户大相径庭（我们将在第 9 章中详细探讨这一点）。

例如，你对网站的视觉复杂性和色彩丰富程度的偏好会因你的性别（女性倾向于更喜欢丰富多彩的色彩）、教育水平（教育程度越高越不喜欢鲜艳的色彩），以及文化背景（如果你是马其顿人，你可能更喜欢色彩丰富的设计；如果你是俄罗斯人，你可能更喜欢视觉复杂度较低的设计）而异。

性别差异

尽管我不是一个大力主张按性别划分偏好和行为的人，但我认为认识到性别会导致差异是有价值的，这当然包括男女在在线环境中的行为差异。除了文化和特质差异外，性别在我们对网站的吸引力和可用性的感知中也起到了重要作用，特别是在像北美和英国这样更加个人主义的文化中。例如，一些研究表明，男性喜欢更加花哨、互动性更强和动画效果更多的网站，而干净、简洁的设计在女性中更受欢迎。不管是因为网站的设计还是因为女性在网上购物时有更大的风险意识，有证据表明女性对网站的看法比男性更为负面。很多人认为网络环境是“男性化”的（有人认为这可能会在女性中引起一种失落感）。其他研究表明，男性往往报告“拥有比女性更满意的在线购物体验”，这与事实是相符的

（至少在美国）。现在，男性的在线购物在频率和花费方面都超过了女性，这或许是在告诉我们，我们需要通过雇佣更多的女性设计师来更有说服力地吸引女性客户。

文化差异

我们对美的看法是源于天性还是后天培养？好吧，这取决于你如何看待它。正如我们所见，我们审美偏好的某些方面确实是主观的，受到了文化、性别、年龄和社会背景的影响。然而，鉴于我们共同的祖先，我们可能认为，大脑对运动和明亮颜色的固有反应可能更具普遍性。无论你属于哪种思维流派，一旦我们开始探讨潜在的审美，最终会出现一个层次分明、细致入微的画面，在这个画面中，普遍和个体偏好交织在一起，形成了一个复杂的图景。因此，让我们进一步探索其中一个关键影响因素。在 2010 年，一组心理学家进行了一项研究，调查文化如何影响用户对网站美感的反应。他们测试了一系列网站，发现了两个主要维度构成了一个网站的整体吸引力：

——美学吸引力；

——动态吸引力。

第一个维度衡量了网站的视觉吸引力——视觉上是否适当、和谐、优雅。第二个维度衡量了网站引起用户注意力的能力——是否色彩丰富、互动性强、易于被使用，并且能产生影响。研究人员发现，虽然文化差异可能影响网站的美学吸引力，但其动态吸引力是普遍适用的。从实际角度来看，这意味着如果你能够设计一个在美学上既符合文化特点，又能够引起广泛大众注意的网站，你就更有可能吸引你的目标受众并引发积极的情感反应。

通用语言

我们刚刚探讨了如何为特定文化进行网站设计，然而在撰写本文时，英语仍然是在互联网上主要使用的语言，拥有超过 8.7 亿的英语使用者（紧随其后的是超过 7 亿的中文使用者）。从最初只能容纳罗马字母的文本格式（ASCII）起步，互联网的技术基础已经发生了天翻地覆的变化。在 1998 年，估计大约 75% 的网站都是英文的；到 2016 年，这个数字已经减少到了更小的 53%。尽管确切的数字难以确定，但它们都指向了一个更加多元化的网络，在这个网络中，来自各国的人们都在地理和语言的边界上进行着合作、交流和贸易。

日益完善的翻译工具（例如用于推特的必应翻译工具）使得人们更容易访问一个真正全球性的网络，而那些早早拥抱互联网的国家现在常常会用他们的国家语言和英语来提供网站内容。如果你面向这部分受众，与其采用快速的自动翻译，不如聘请专业的母语人士来翻译你的内容，以体现其文字的细微之处。这不仅可以让你利用本土化的习语和表达方式，还可以避免字面翻译造成的尴尬，因为这些翻译往往没有意义。

动态效果

在一个有效的界面设计里，动态效果（无论是视频、动画还是其他移动元素）都是影响观众整体体验的关键组成部分之一，它可以提升或削弱观众的体验。虽然我们与狩猎采集时代的祖先相隔了几千年，但他们的经验仍然影响着我们今天的生活。尽管我们不再进行狩猎，但我们在进化上仍然会对视觉焦点和焦点周围的运动做出反应。在网络上，如果不当使用动态效果，可能会分散读者的注意力，从而使关注点偏离预期，最终影响转化率。

我们现在生活在一个多屏幕的世界，这意味着我们有限的注意力通常会分散在各种同时进行的活动上，而这些活动都在争夺我们的关注。因此你更需要精简用户体验，你所做的任何减少对客户注意力需求的努力都将有助于创造更流畅的用户体验。我们的目标是减少用户执行多个并行且相互冲突的任务的可能性。如果你造成客户注意力分散或用不成熟的内容轰炸你的潜在客户，会降低他们处理你网站上信息的能力，从而降低参与度，最终降低转化率。

谨慎、有意识地使用动态效果可以在网站、广告和内容中发挥作用，将观众的注意力引导到特定的焦点或行动指示按钮（CTA）上来。一个很好的例子就是 Airbnb 的网站，它曾经在首页的主要部分使用了一个全屏、缓缓移动的视频，以吸引访问者的目光。视频会自动播放，这些微妙的动作使得用户的目光首先锁定在页面中央的行动指示按钮上，然后再移向周围的运动区域。从心理学的角度来看，这种方法的综合效果是将目光吸引到中心，引导注意力到行动指示按钮，并对影片内容产生情感反应。将其与一个使用快速移动的全屏视频的网站进行比较，你会发现快速移动的视频会从行动指示按钮上分散用户的注意力，你很快就能看出哪种类型的动态效果更有效了。

就独立内容来说，如果你正在为社交媒体动态或登录页创建自动播放的视频或动画 GIF，你可以设计引人入胜的作品，引发他们的观看欲望。任何引起强烈情感反应或好奇心的内容在这里都会很有效，因为大脑不喜欢留下未解决的事情，因此会想要停留下来发现完整的故事。

信息架构

信息架构是指你如何在网站上组织内容。由于我们大多数人上网是为了搜索特定的信息，如果你能够理解如何结构化你的网站，并以轻松和有益的方式提供信息，网站的访客将更有可能回访。

当信息有条理地被呈现时，能有效减少访客的认知负担，带来更流畅的体验。要做到这一点的最简单的办法之一就是标出最重要的信息，以便访问者可以轻松地通过导航找到他们感兴趣的领域。导航效果好的网站往往能降低访客的跳出率，并长时间地留住访客，从而有更多的时间来引导他们朝着我们期望的结果迈进。

通常情况下，我们推荐使用一套内部标准化的网页设计方法，但也有例外。在某些情况下，打破网站固有的流程或采用颠覆性设计实际上能起到意想不到的效果。通过打破访客的期望和自然行为习惯，你可以立即引起他们对特定信息的注意，还可以增强行动指示按钮的视觉效果。然而，我们还是应该谨慎对待这种策略，除非你有非做不可的理由，而且有经验丰富的设计团队可以帮助你实现，否则我不建议使用。

可用性

对网页内容位置而言，不同设备上的网页有着不同的折叠位置（即屏幕的边缘位置），这对内容可用性会产生重大影响。我们有一个经验法则，你应该将最重要的信息提炼并显示在第一屏的位置，以便你的客户无论使用哪种设备都可以一眼就看到而无须滚动。网页的功能固然很重要，但网页的第一印象（尤其是美观方面）也可以影响用户对你的网站可用性的感觉。由于人们第一印象的力量出奇地强大，所以请务必给出良好的第一印象。

总体而言，尽管各种潮流起伏不定，大多数网站在外观和结构上都遵循类似的惯例。举个例子，你通常会在页面顶部找到导航栏，在页面中央或左上角找到公司的标志，以及在页脚找到联系信息。你可能会觉得这也太基础了吧，但这些细节绝对值得一提，即通过满足客户的期望并创造一个熟悉的空间可以有效释放客户的压力，使他们能够把注意力集中到你网站的重要元素上，如内容和行动指示按钮。提高你网站的可用性，实际上就是在为你的客户提供更多的心理空间来接收真正重要的信息。

不仅仅只有标准化可以简化你网站的可理解性。在网页设计方面，一张图片确实抵得上千言万语，因此你更需要优化图像以达到最佳效果。例如，如果你在社交电子商务平台［如亚马逊(amazon)］上销售实体产品，就应该知道客户通常更喜欢对比度高、景深大、色彩温暖的产品照片，以及要在照片中放大主要物体（例如占照片面积四分之三的一双运动鞋）。

在像 eBay 这样的拍卖网站上，较大的产品图片通常会增加销售量，产品在应用场景中的照片（而不是库存照片）也会增加销售量，而且图片的数量和质量越高，就越有可能吸引客户的注意、增加信任并促成购买。 如果你在使用这种平台销售商品，你还可以上传额外的图片，这些图片只是对现有图片的裁剪或放大特点区域，它们能为产品销售提供更多细节，从而增加成功销售的机会。

如果你销售的是高品质商品，你把客户检查产品并与商品互动（无论是通过视频、验证还是高分辨率照片）的功能做得越容易，他们购买的可能性就越大。

所有人类，不论是出于功利动机还是情感动机，本质上都有一个根本性的特点，那就是寻求个人满足感。当我们在寻找、选择或使用产品，或者与服务提供商互动时，我们很可能会体验到各种不同的情绪和情感状态，而产品的呈现方式实际上可以影响这些情感。由于积极的情绪通常会使我们更加乐观、自信和不受约束，自然而然，感觉良好的客户更有可能继续在网站上浏览，在整个购物体验中感到安全，并表现出更高的购买意图。

虽然我们都知道创造愉悦的体验能激励新访客回访，但是这种回头客可能更难搞定。因为他们已经了解你，所以在评估你在线商店的信息时会更加理智，这意味着他们的动机与第一次购物的人不同。在销售方面，新客户通常会受到你的网站布局、操作难度、业务规模和口碑的影响，而回头客则更加关注便利性、产品种类和深度，以及整体体验的趣味性。

调动情感和娱乐感可以有效促进销售，其中一个很好的例子就是bellroy的“为你的钱包瘦身”挑战。作为奢侈钱包的供应商，他们使用了对比原则来提示用户，并通过采取一系列的互动让用户感受到如何将钱包变得更薄，从而激发购买的兴趣。

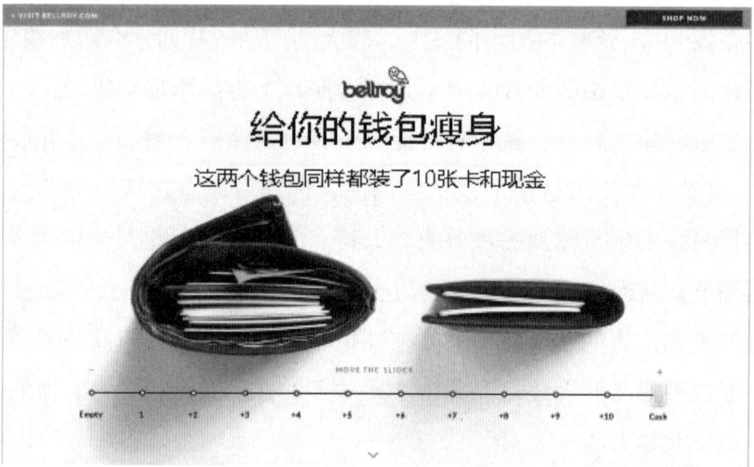

将一个标准钱包与bellroy品牌进行比较，邀请访客在页面上拖动滑块，看看如果购买了他们的产品，用户的钱包就可以变得更薄。而当你向下滚动页面时，一个简单的动画视频会展示钱包的制作过程，通过这样做，这个迷人的微故事就引发了更大的亲近感和与产品的连接感。

行动指示按钮

无论是要求人们加入你的社群，注册免费试用还是购买你的产品，你都需要一个有说服力的行动指示按钮来让用户点击。行动指示按钮通常以扁平按钮的形式显示，一般使用命令式动词向用户发出礼貌的命令，例如“立即致电”“今天访问店铺”或“免费注册”。如果这种行动主要是功利性质的，比如将商品添加到购物车或去结账，那么整个行动指示流程应该尽可能简单直接。通过提供一个明确的目标，将用户的注意力引导向一个特定的结果，从而降低他们的认知负荷并提高转化率。

然而，行动指示按钮并不一定只有简化和功能性这一条路。根据你的品牌特性，你还可以把行动描绘得更具体，所以不仅可以使用词语“提交”，还可以尝试“获取免费报价”；如果你正在推出优惠，不要使用“立即购买”，而可以尝试“添加到购物车——立即省 15%”；不要用简单的“下载”，而可以尝试“获取你的免费报告”。现在，是否在行动指示按钮中使用词语“我的”还是“你的”（例如“获取我的免费报告”与“获取你的免费报告”），取决于用户对你品牌的熟悉程度、该行动本身与用户的关联程度等要素。虽然这两个词在不同的上下文中都有效，但你需要测试每个选项，以确定哪个是正确的选择。

此外，用户通常不喜欢模棱两可的表达，因此我们需要专门测试行动指示按钮的设计方案，以减少访问者的不确定感（例如 Netflix 的“免费加入一个月”，或 Prezi 的“试试 Prezi”）。尽管如此，有些情况下，直接的否定与质疑也可能奏效，许多营销人员在使用“不要按此按钮”或“你的 SEO 做错了吗？输入你的网址以找出答案”等文案时取得了成功。虽然这些策略在某些情况下可能会成功，但如果使用不当，它们可能会迅速变得老套，并损害你的声誉。

在决定设计和放置你的行动指示按钮时，要考虑背景颜色、周围的图像、视频和文本，以及它如何在你的网站整体设计中运作。有效的行动指示按钮通常因为高对比度、高饱和度和在页面上的显著性脱颖而出——毕竟，指示越简单越吸引人，人们越有可能采取行动。

现在，我不得不提到那些令人讨厌的弹窗。我从来没有喜欢过这些玩意，但我必须承认，当它们执行得当时（有时甚至是执行得不好时），它们可以显著增加转化率。弹窗通过在我们的阅读节奏中制造意外的中断来起作用，导致我们不得不关注它们。它们本身并不一定是坏的，但我确实反感那些更令人恼火、不道德的内容，比如可能一条会提供免费电子书或礼物的弹窗，但它只提供“是的，我聪明，所以我会领这本书”或“不，谢谢，我宁愿保持无知”之类的选择。这种做法很傲慢，长期来看可能对你的业务不利。

然而，并不是所有的弹窗都让人讨厌。那些在页面底部轻轻滑入视野而不遮挡内容或干扰访客体验的弹窗，可以在吸引注意力和减少烦恼之间提供良好的平衡。另一个很好的例子是在访客即将离开页面时出现的退出弹窗，它可以通过鼠标移动来激活。用这种方法可以向用户提供额外购买动力，例如在提供限时优惠或折扣时。下面是 UGMONK 的一个很好的例子，它还突显了一个常见的做法，即提供两个选项——第一个是在醒目明亮的框中的期望响应；第二个是在沉闷的、简洁的框中提供替代响应（有些网站只使用灰色文本）：

风险、信任与隐私

在客户获取方面,许多企业现在鼓励用户使用其首选的社交账户（而不是使用电子邮件地址）注册其产品或服务。通过为客户提供看似方便的一键登录方式，各种规模的公司正在获得大量越来越详细的用户数据。虽然这对企业来说似乎是个好消息，但这种方法可能会带来隐含的代价。许多用户可能会因为不信任这些社交网络平台背后的公司，以及不愿意在没有明确知道数据将如何被使用的情况下，选择只提供电子邮件地址并对为网站提供更多个人数据而感到不舒服。

这个现象在 2016 年进行的一项大规模调查中得到了明确的证明。在该调查中，消费者被要求按降序排列世界上最知名的品牌。尽管谷歌和脸书人气高，规模大，但在列出的所有品牌中，它们几乎无法进入前 100 名。更引人注目的是，当受访者被要求将这两个平台在“我可以信任的品牌”排位时，谷歌的排名下降到 130 位，而脸书则跌至 200 位。尽管它们每天吸引数十亿活跃用户，为世界各地的人们带来愉悦、联接和便利，但调查结果反映出一个更广泛、更深层次的问题——人们担心这些公司不一定站在用户的一边。

有风险的不仅仅是大型企业。在另一项研究移动购买和应用下载的消费者行为的调查中，研究人员发现，缺乏信任仍然是业务增长的最大障碍。36% 的受访者表示，他们不下载或使用更多移动应用的原因是因为他们不相信应用的安全性，不想泄漏自己的个人信息，或曾经有过不好的个人经历，或者听说过负面新闻。甚至更多的人（41%，比以前的年份大大增加）报告称，在许多情况下，他们不想分享个人信息，但知道如果想使用这些移动应用，就必须这样做。

无论人们选择是否分享他们的数据，显然越来越多的消费者对他们的隐私越来越关注。之所以现在如此多的消息平台提供端到端加密，可能不仅仅是为了公关。我相信，当用户面临选择（分享所有个人信息，否则无法使用该应用）时，他们可能会妥协，但当另一个更智能的平台出现，要求更少的数据并承诺更大的隐私保护，就会推翻惯例或引发变革。当然，这种变化可能需要一段时间，但如果你能够在用户数据需求与用户隐私需求之间找到平衡，你将更有可能取得长期的成功。

操作指南

设计一个炫酷的网站

- 目标

无论你的网站目的是什么，都应该通过设计语言来清楚地传达出来。无论你提供个人、商业还是娱乐服务，都要通过能反映你企业愿景和价值观的美感,来创造出更有意义和富有温情的互动体验。

- 信任化设计

信任化设计能给访问者提供良好的用户体验。无论访问者对网站的熟悉程度如何，往往会更信任这些网站。我们可以进行相关测试，以评估自己的网站内容（是否有用、准确、清晰、集中，写作风格是否吸引人或令人反感）、整体设计（用户如何评价其美感、可读性和功能性）以及服务（你的网站是否让客户感到隐私安全和有可靠的友好客户服务）。

- 满足他们的需求

我们都希望感到与他人紧密联系、被重视和被理解，因此，如果你想创建良好的客户体验，就必须研究你的受众，根据他们的需求和信仰来调整你的网站。了解你的访问者可以帮助你设计一个以他们的主要目标为导向的网站。对于消费者来说，越容易实现目标，越有可能信任你，购买你的产品，并向朋友推荐你。

研究你的客户还可以帮助你的网站建立更强的人际关系感，进而使客户产生安全感、赋予权力感和更强烈的购买意愿。

- **清晰的信息传递**

清晰而简明地呈现出你的关键信息非常重要。要减少混乱复杂的信息、清晰结构化你的页面，并利用案例研究来传达你的服务，从而简化用户需要处理的信息量。你的标题应该简洁、具体，反映访问者的期望，并且应该专注于一个客户关心的可取得的结果（即你提供的解决方案）。

- **用户体验**

人们在使用你的网站时，感觉越舒适、简单和愉快，他们的满意度就会越高。对于任何企业来说，可信度至关重要，因此你的网站应该在内容上保持一致，并与你的品牌相符，这将有助于提升你的可信度。每个页面的目标应该有明确的定义且易于实现，你可以通过自行进行用户测试或使用远程服务来检查你实现这一目标的情况。

- **搜索引擎优化**

要想让网站的内容易于被搜索引擎搜到，需要适当地对所有页面、标题和内容进行标记，确保让每个页面包含正确的元数据（标题和描述）和 H1 标签。你应该在标题、副标题以及书面内容的引言和结论段落中包含相关关键词。你还可以通过使用相关术语来为你的关键词提供更全面的背景。例如，关键词“网络心理学”的相关术语可能是“转化”“用户体验”和“营销”，你可以在文本中包含这些术语。如果你想找到竞争不太激烈的热门关键词和短语，可以使用诸如谷歌的关键词规划师或 Moz 的关键词探索工具。

- **环境信息**

如果你通过网站直接提供客户服务（通过即时消息或在线聊

天服务），请确保你知道客户何时可能与你联系，以便你能够随时做出迅速回应。例如，如果你是一家专门从事手工巧克力的公司，并且你位于美国西海岸，你可能会有来自东海岸的客户在线上询问，甚至在半夜三更也会出现。在这种情况下，你应该雇佣一个处于合适时区的工作人员，以便及时回应此类客户。对于面向全球受众的网站，环境信息就包括了代表不同国家的子站点，这将使新访问者更容易找到适合他们的门户网站。

- 一致化的设计

在网页设计方面，不同的国家会有不同的最佳实践规范。通过研究并遵循当地的设计惯例，你可以使用户更容易一眼就“锁定”你的网站，并找到他们正在寻找的内容。正如前面提到的，如果你的内容需要进行本地化，或者有本地社交媒体或搜索方面的工作，那么可以试一试像 Oban Digital 这样的网站服务。

- 互动性

成功的网站都是充满互动性的。要鼓励用户通过相关的评论区、产品评级、社交媒体或其他方式与你互动（更多关于这方面的内容将在第 10 章中探讨）。

- 视频图像

视频图像是传达信息最快、最吸引人的方式之一。从进化的角度来看，我们对面孔和动作有着天生的反应，因此，如果你想在登录页（在行动指示按钮旁）使用自动播放视频，请确保该视频能够引导观众的注意力到正确的地方。过多的动作可能会分散他们的注意力，同时降低留存率和点击率。

- 保持内容更新

让用户在你的网站了解相关新闻与更新，可以体现网站的活跃性，并吸引他们不断回访你的网站。运营一个有趣的博客并提供足够有价值的信息，会鼓励其他企业引用你的作品并链接回你的域名。发表长篇的行业领导性文章也是有效的手段，许多品牌现在还为第三方网站断断续续地写文章。在这里要注意的是：仅将你的内容发布在第三方网站上可能是有风险的。首先，因为网站所有者有权编辑和删除他们不同意的内容，通常无须提前通知；其次，这么做你将引导访问者访问不在你掌控渠道之内的网站。此外，将所有最好的内容放在第三方平台上意味着你获得的大部分链接将指向你无法控制的网站，这可能会阻碍你的搜索引擎优化。

- 行动指示按钮

无论你希望你的用户去做什么，确保你的行动指示按钮使用简洁、引人入胜的语言，并尝试创建一个礼貌的命令。在视觉上，需要确保你的行动指示按钮在页面上有突出显示，无论是在颜色（色调和饱和度）还是位置上（应该位于显眼的位置，位于第一屏）。一个好的行动指示按钮应该易于阅读，引人点击，并对用户表示尊重。

- 弹出窗口

如果必须使用弹出窗口，请选择不会完全干扰访客体验的弹出窗口。尝试使用侵入性较弱的滑入式弹出窗口，或者在访问者即将离开页面时弹出窗口，并提供有时效性的折扣（例如“新客户 8 小时内享受 10% 的折扣”）。

- 本地化

如果你是在实体店铺销售产品或服务，你可以通过发布目录列表、鼓励客户撰写谷歌评论、在主页上显示你的实际地址、发布面向特定地区的广告（你可以在谷歌、脸书和推特上进行此操作），以及在谷歌广告中添加本地扩展（如果你有的话）来优化你的网站，以便客户进行本地搜索。

- **测试，测试，测试**

我上面概述的所有建议能否有用都取决于你能否测试、实施和改进它们。面对不同的背景和客户，需要用不同的方法，所以如果你想充分利用这些点子，请在使用它们的时候看看哪种组合对你最有效。

- **尊重客户隐私**

为了让你的客户感到更加安全，你可以尝试做以下几件事。使用 https 证书（该证书对你的网站与客户的浏览器之间的所有通信进行加密）、只向用户要求你所需的最少个人信息，并说明你会如何使用这些数据。你还可以使用诸如 Ghostery 之类的工具来管理你可能使用的任何第三方技术和跟踪器，并确保符合相关规定。

实战应用：眼球追踪

如果你想深入了解你的网站设计是如何影响访问者的注意力和行为的，眼球追踪工具可以提供清晰而有用的观察信息，帮助你了解客户在网站上的视线集中在哪里，以什么顺序查看不同元素，在特定区域聚焦了多久。

尽管这种方法通常只测量访问者的眼中央视力（与眼外周意识相对），但在正确使用的情况下，眼球追踪可以有效预测用户在打开登录页时会看向哪里。

对目标人群进行的现场试验通常会提供最准确的信息，但这会耗时很长，并且通常需要大量的准备和投资才能顺利运行。

虽然我们都希望提高网站的可用性和转化率，但我们中的许多人可能没有进行这类试验所需的资源。这就是为什么在接下来的几段中，我们将探讨大规模的研究结果可以告诉我们用户如何看、看哪里、如何放置某些元素实现最大影响，以及如何把你的内容进行公式化以便最能抓住用户的注意力。

早在2006年，尼尔森·诺曼集团发布了一项经典的眼球追踪研究结果。结果显示，我们通常以一个F字形的模式扫描网站和搜索结果：从页面的左上角开始，然后，横跨导航栏（F的上半部分），然后在页面下移一点，进行第二次更短的水平扫描（F的下半部分），最后沿页面的左侧扫描，寻找相关内容。

尼尔森从这些发现中得出结论，大多数用户不会仔细阅读文本，因此如果你想传达任何重要信息，必须将其放在页面的最显眼部分（通常是标题、行动指示按钮或段落的前几行）。

另外，你使用的任何标题都应该足够大、粗且易于阅读，你可以利用这些标题将文本分成更小、可咀嚼的小块。但如果你正在撰写长篇文章，那则是不同的规则了，你可能不希望过多地打断读者。

另一个需要考虑的因素是内容周围的留白空间。增加留白空间可以让访问者集中精力关注重要内容，而不会感到不知所措或消耗精力。考虑到我们已经习惯了相当标准化的网站结构，即页面顶部的导航以及文本、标题和图像都左对齐，你在网页设计上也要遵循这些惯例，以与访问者的期望和自然流程保持一致。为了防止用户自动忽视页面或信息源上任何类似广告的元素，大多数企业现在投资于更多富有价值的内容，如文章、采访、视频和报告，以及付费媒体。

对于网站上显示的图像，尼尔森的研究进一步发现，用户更关注包含相关上下文信息的视觉元素，例如在线商店中的产品图像，或社交网站上的真实人物图像。我们还能很快识别出并排除那些布景糟糕的图像和装饰性质的图像。

虽然我们在浏览网上的内容时可能会滤掉许多内容，但有一种图像我们特别难以抗拒：人的面孔。人们早就已经发现，无论我们年龄多大，我们对于面孔的偏好都远高于其他视觉刺激，这可能在某种程度上解释了，为什么在 Instagram 上带有人脸的照片比没有人脸的照片更有可能吸引评论，其评论数增加了 32%，点赞数增加了 38%。我们对于面孔的偏好也与我们对表情符号的痴迷有关，但归根结底，如果你使用人脸图像，你应该谨慎点，因为它们会吸引大家的注意力，正如我们将在下一节中所看到的，这并不总是件好事。

操作指南

保持简洁

F 型模式

请记住，当人们访问你的网站时，他们通常会遵循 F 型模式来观看，这意味着你要把最重要的信息放于这个自然的视线范围内。请将关键内容放在页面上方，并确保标题和段落的前几个词都包含丰富的信息。

注意力是有限资源

用户的注意力是有限的，应该明智地分配它们。网站上的每一个信息都会消耗用户一定数量的注意力，因此其中包含的设计元素越多，占据的注意力就越多。为了减少认知负担，你的标题应该容易被注意到（例如使用粗体、大字体），你的内容也要分割成易于扫读的小块，并坚持清晰的层次关系。

广告

由于我们大多数人经常忽视横幅广告，所以要认真考虑下哪种形式的广告是值得去做的，应该去做那些既可以为潜在客户提供价值，又可以推动销售的广告。如果你选择发布本地广告，请确保你的内容丰富、富有见地和有价值，这样阅读内容的人会将你的品牌与专业知识联系在一起。

图像

我们处理图像的速度比文字更快，能够从远处就识别出一张糟糕的照片。请确保你使用的任何图像在语境上和情感上都是相关的，如果使用人脸，使用高分辨率的、自然表达情感的图像往往效果最好。

理论要落实

如果你想要提升网站的设计水准，根据不同变量进行反复测试是重中之重。如果你有经费去使用眼球追踪技术进行测试的话，那自然大可一试，绝对值得。

第 8 章
选择正确的图像

一图胜千言。

——弗雷德里克·巴纳德 (Frederick R. Barnard)，营销专家

在电子商务中，由于无法真实地和产品互动，我们在购买前主要依赖视觉线索来评估物品的质量和价值。这就意味着企业如何在线上展示其商品和服务会显著地影响销售。虽然个人的个性、文化和社会规范可能会影响对美的看法，但越来越多的研究表明，可能存在一些通用的原则在支撑着我们整体的审美感知。

如果正如这些研究所示，我们视觉偏好的相当一部分是与生俱来的，那么它们也是可预测的。这意味着如果你了解触发哪些因素就会引发用户特定的情感，你就可以有意识地使用它们来影响和引导用户的体验。

对美的共同认知

艺术家长期以来一直都理解并能利用黄金比例的吸引力（在天然物体如鹦鹉螺壳中找到）以及原型的力量（代表理想的人体或事物，如米开朗琪罗的大卫像）。根据感知流畅性原则，具备这些属性的视觉元素

往往被我们认为是可预测和熟悉的，对我们来说是更容易识别和处理的（无论我们谈论的是图像、物体甚至产品，这一点都成立）。

被很多人誉为神经美学的奠基人泽克教授提出过一个美的公式。在一项功能性磁共振成像研究中，他发现大脑前额叶内侧脑皮质在我们看到或听到美丽的事物时会变得活跃；相反在看到丑陋的事物时，变得活跃起来的部分变成了我们大脑里的杏仁体。

在另一项研究中，研究者科马尔和梅拉米德旨在探索在绘画上是否存在统一的全球审美偏好。他们对全球范围内数百万人进行了调查，发现我们大多数人偏好包含国家象征（如国旗）的蓝色风景画。他们还发现，我们普遍喜欢描绘儿童玩耍的绘画作品，唯一的例外是法国，该国的参与者明显更偏爱描绘裸体女性的作品。在这里我并不提倡利用裸露来吸引你潜在的法国客户（尽管我想这可能会有效），但这些结果确实意味着我们发现某些元素比其他元素更具视觉吸引力。事实上，我们宁愿看自然环境，而不愿看受人类影响的环境，而且我们倾向于无法抗拒那些带有神秘感的图像（如半遮半掩的图片）。这些发现都可以帮助我们在线上选择代表我们的视觉元素时做出决策。

感性地解决问题

我们的祖先依赖他们敏锐的视觉和嗅觉识别潜在的捕食者、猎物、伴侣以及食物和水源。他们能够将那些在树叶的绿色背景中缓慢移动的黄色点聚集在一起，从而识别出潜伏的狮子轮廓，这可是生死攸关的技能。

虽然我们现在不太会面临这种情况，但我们的视觉系统进化出了这种识别环境中显著特征的能力，这也可以解释为什么我们中有这么多人喜欢研究互联网上诸多挑战与困惑我们的图像。

一个经典的例子是达尔马提亚幻觉（是一副由黑白点构成的抽象画），这张图片最初似乎只是在白色背景布上画了一个抽象的黑点阵列。虽然我们的眼睛会在图像上扫描，试图辨认出任何可见的模式，但你往往需要看好一会儿，才能突然意识到这些点实际上构成了一只在树荫下漫步的达尔马提亚狗。

在这个微小的“顿悟”时刻中，我们大多数人会感受到一种愉悦的满足感。这种兴奋感强调了视觉系统与大脑情感部分之间的联系，所以一旦你看到了狗，就不可能“看不到”它。既然你成功地理解了图片，你的大脑就不会想回到之前那种不舒服的模糊状态。

这也是我们发现神秘的图像如此吸引人的原因。越是难以破解的谜题，就越能引起我们的兴趣，解决谜题时的满足感也越大。考虑到我们的注意力持续时间是在减少的，我们可以利用这种技巧来吸引人们并引导他们采取我们想要的行动。你可以在任何视觉内容中使用这种方法，来吸引人们的注意力，甚至在电子邮件中也同样有效，就像我从 MOO 收到的这张新闻通讯中的图片一样所示：

不光是一张漂亮脸蛋

多年来，关于美如何对我们的决策产生影响一直是研究的热点。看到电视广告中的漂亮模特，或者看到一个有魅力的人拿起一个产品，你都更有可能购买该产品。然而，尽管人们普遍认为雇佣更有吸引力的销售人员会产生更高的销售额，但中国香港中文大学最近的一项研究发现，当涉及尴尬的产品（比如痔疮膏）时，好看的销售人员往往会阻止用户去购买。

此外该研究发现，普通的面孔（没有任何特别之处）通常被视为比复杂的面孔更有吸引力，这可能是因为我们的大脑更喜欢那些容易处理的事物。因此，在选择适合你的内容的模特时，要记住"一个世纪的经验美学研究揭示了人们对某些图形有着统一的偏好"，而且"其中记载最多的就是对对称、平均、基本形状以及弯曲的轮廓等规则图案的偏好"。

这种倾向于易于处理的图像的规律也可能在其他现象中发挥作用，比如峰值漂移效应，这是动物辨别学习中的一个原则，似乎也影响着我们在网上的视觉偏好。想象一下，你正在教一只老鼠区分矩形（纵横比为2：3）和正方形，并为每个正确的反应奖励它。随着时间的推移，老鼠会更频繁地对矩形做出反应。有趣的是，它会对一个更长而细的矩形（例如，纵横比为4：1）作出更强烈的反应，而不是只对它最初训练过的那个矩形有反应，这意味着老鼠实际上已经学会了矩形的规则，而不仅仅是简单地区分两个形状。

在人类美学和艺术的世界中，我们对于夸张主题的偏好可以追溯到历史的各个时期。从古代洞穴壁画和伟大艺术家的作品，到今天迪士尼电影中的漫画形象，无论是哪种媒介，我们总是试图以各种象征性的、夸张的形式描绘生活。这种对超常刺激的偏好可能源于我们的注意力资源有限，而我们通常会尽量节省这些资源。如果我们只提取一个主题的关键、定义性的特征（比如一个裸体模特的细腰、丰满的胸部和圆润的臀部），我们的大脑可以忽略任何多余的信息，而集中注意力在显著的特征上。这可能解释了为什么漫画化的面孔通常比其原始主题的照片更容易处理和识别，以及为什么素描或线条画比全彩色照片能引起更强烈的大脑活动。

视觉分组

除了这种对夸张的偏好外，我们的大脑还天生具有识别和将相关特征链接成一个对象的能力（比如将零散的黄点组合成在树木间移动的狮子）。格式塔理论（Gestalt theory）中有某物体大于（或在某种程度上）其各个部分之和的思想，这在线上体现为我们有时可以在不同的视觉元素之间自觉进行分组。例如，在其他一切条件相同的情况下，我们倾向于将颜色、大小、距离、方向、亮度和饱和度相似的元素归为一组，这对用户行为可能产生重大影响。

正如我们在上一章中探讨的那样，根据视觉特性来对信息进行分块，可以找到事物间的相关性，从而影响我们浏览和处理信息的轻松程度。我们往往希望整体性地去理解事物，因此设计中可以通过视觉进行分组。例如，如果你有一个关于护发产品的页面，并且希望你的客户能够在视觉上将类似的项目分组在一起，你可以在页面的同一封闭区域中同时展示类似的护发产品，或者按颜色和方向进行分组。这将帮助访问者将产品类别（比如护发素）视为一个统一的组，从而让访问者更容易识别和购买该商品。

情感、目光和肢体语言

由于决策本质上是感性的，我们需要了解图片是如何影响访问者的情感和行为的。情绪是指更持久的精神状态，态度则具有更多的认知成分，而情感通常是对事件的反应。这些情感都与生理特征有着强烈的联系，比如从面部表情和手势上可以相当准确地分辨这些情感。观测这些情感在评估你的内容对潜在客户的情感影响时会非常有用，现在就有许多面部编码技术可以用来以统一的方式跟踪人们在与你的产品、网站和视频互动时的实时反应。

在不同的情境中通常需要使用不同的方法，所销售的产品或服务、背景和目标受众的心理特征会引发各种不同的情感。在可以处理的情感状态中，至少有七种被认为在很大程度上是普遍存在的，那就是：喜悦、愤怒、惊讶、恐惧、悲伤、蔑视和厌恶。

当你使用人物照片来传达这些情感时，需要注意的是，有些表情和动作往往是某文化所特有的（想象一下意大利人和英国人的对话），因此使用它们时，你需要考虑到预期受众的习惯。在使用面部图像时，人类通常能够准确地识别出某些情感，无论这张脸属于谁，尽管我们可能无法在照片中发现一个假笑，但在视频中，我们更容易注意到有人在装模作样。

如果你想使用图像来推进客户的行动，你必须确定在客户行动的特定阶段中发生哪种情感会产生最佳效果。你可以通过制作一系列表达主导情感的真实、特定于文化的图像，并对这些图像进行分割测试，直到获得所期望的结果。往往那些自然的、高分辨率的，拥有真挚的微笑的照片会引起最积极的反应。无论你想要传达哪种情感，与信息情感相匹配的表情通常效果最佳，除非你有意通过使用不匹配的图像和文字来打破期望，从而创造出不协调的效果。尽管面部的表情很重要，但我们关注的不仅仅是这一点，人的眼神方向也可能对我们的行为产生深远影响。在由 ObjectiveDigital.com 进行的经典眼球追踪研究中，研究人员让参与者观看 Baby.com 广告的两个版本之一。第一个版本包括了一个宝宝直视观众的照片，右侧是标题和文字。第二则广告完全相同，唯一的区别是宝宝改成了朝着文字看。通过观测参与者眼动的方向和持续时间，很快就发现，观看第一版本的参与者将目光集中在婴儿的脸上，几乎没有注意到文字。相比之下，观看第二个版本的参与者似乎更深入地与文本互动。为什么呢？因为他们下意识地在跟随着婴儿的视线。从进化的角度来看，这是完全有道理的。作为一个物种，我们的生存一直依赖于我们读取和回应社交信号的能力。无论是某人的头的倾斜程度、视线的方向还是有指向的手指，我们都会下意识地捕捉这些信号并相应地做出回应。这种感觉同样也适用于肢体语言，而手势可能因文化而异，但也有一些有用的原则需要注意。

在畅销书《每个身体都在说话：一位前 FBI 反情报特工的速读人体指南》(*What Every BODY is Saying:An Ex-FBI Agent's Guide to Speed-Reading People*) 中，前 FBI 反情报特工乔・纳瓦罗揭示了一些有趣的方法，可以解码一系列非语言行为。从观察某人的躯干角度（面向他们喜欢的事物，背对他们不喜欢的事物）到注意他们的脚指向的方向（如果是门，他们可能正在寻找紧急出口），这是一个全面而实用的指南，可以帮助你阅读别人的身体语言和解析别人隐藏的情绪。

由于我们处理图像的速度比文字更快，如果把图像加载上特殊的情感含义，你的信息就能更快地传达出去。例如，一个姿势开放的人（双臂伸展，手可见，躯干面向关注的对象，面部带着微笑），就在表达出对他们关注的人或物的信任、开放和积极态度。另一方面，一个封闭或收缩的姿势（手藏起来，双臂交叉，躯干转向其他地方）会给人完全不同的印象。根据情境，任何一种姿势都可能是有效的，关键是要理解哪种情感信息会引发所需的反应，以便你相应地进行图像设置。

在处理情感内容时，最大的错误是忽视情感的一致性，你要考虑到你给出的非语言线索是否与你的预期信息相匹配。在网上，我们倾向于迅速浏览内容以评估其目的和含义，如果我们遇到与信息不匹配的图像（例如，一个生气的表情与愉快的标题并存），我们可能会感到不协调和不安。在某些情况下，这种不匹配可能会在唤起幽默感时有用（比如可爱的猫咪说出可怕的话），但总的来说，如果你想要优化图像以实现最大的影响力，你必须确保你使用的非语言元素实际上传达了你希望传达的情感信息。

操作指南

完美构图

- 引导注意力

如果你打算用图像来引导人们的注意力，请确保进行分组测试以找到正确的作用变量。虽然图片可以为原本简单的设计增添很多丰富性，但它们确实也占用用户的注意力资源，如果使用不当，可能会与站点内的其他重要元素抢夺注意力。因此，在优化你的网站设计时，要记住内容和图像的对比度、颜色、亮度、字体和位置都会影响访客的体验和行为。

- 神秘感

我们的大脑喜欢解决问题，因此如果你想引诱人们采取行动（例如鼓励他们获取折扣、访问你的网站或进行购买），你可以使用一张能引起他们好奇心的图片。

- 微笑是美丽的

如果你要展示员工、模特或客户的照片，请尽量选择那些情感表达丰富的照片。微笑几乎总是令人赏心悦目的。当然，如果你销售的是尴尬的产品，避免完全使用面部照片可能是更为谨慎的选择。

- **夸张**

人们喜欢夸张的图片，因此如果你要使用任何插图，请尝试只使用其关键特征来表达主题，并测试读者的反应。

- **物以类聚**

视觉系统会将相似的物品在视觉上归在一起，因此如果你希望访客将特定产品或网站元素分组，可以尝试按照颜色、亮度、饱和度、大小、接近度和方向进行分组。

- **黑与白**

最高对比度的区域通常会吸引注意力，因此如果你希望访客关注特定的网站元素（例如图片、行动按钮、标题或表单），可以尝试增加其对比度。

- **情绪触发**

情绪是对事件的反应，它们可以显著影响我们的决策。有七种情绪似乎是普遍存在的：喜悦、愤怒、惊讶、恐惧、悲伤、蔑视和厌恶。在网上，应该触发哪种情感取决于情境因素，比如产品类别、客户的心理特征以及他们在参与购买的过程中所处的阶段。

- **面部表情**

在传递情感信息时，你可以通过使用高分辨率、自然的人脸图片来增加影响力，这些面部图片都表达了七种普遍的情感之一。

- **非语言暗示**

如果你打算使用人物图片，可以使用非语言暗示来更迅速地传达信息。要产生温暖、信任和友好的感觉，可以使用开放的身体语言——双臂张开，掌心朝外，躯干转向关注的对象，微笑的面容，双腿不交叉。要产生不确定和不安的感觉，可以使用闭合的身体语言——弯腰或收缩的姿势，双臂和双腿交叉，目光下移，掌心隐藏。在将图片与文字配对时，你要决定它们最好是一致的（匹配）还是不一致的（错配）。

- **引人注目**

如果你想引导人们的注意力集中在特定的行动指示按钮或页面区域上，可以使用一个朝那个位置看或指向那个位置的人物图片。

第 9 章
色彩心理学

颜色会改变与其相关联的物体或情境的含义，我们可以通过颜色偏好来预测消费者的行为。

——穆宾·阿斯拉姆（MUBEEN ASLAM），营销专家

橙色对你来说意味着什么？如果你身在欧洲或美国，可能会联想到道路施工和交通延误。但如果你生活在亚洲，你很可能会将这种颜色与灵性和庆祝活动联系在一起。如果你是赞比亚人，你甚至可能不认为橙色是一种单独的颜色。

一种颜色可能拥有多种不同且经常互相矛盾的含义，这在很大程度上取决于它们的文化背景。流行媒体通常会以相当简化的方式描绘颜色的含义，倾向于使用一套普遍的原则来把颜色的问题简单化，然而现实的情况往往更为微妙、复杂。

红色就是一个很好的例子。红色往往被认为代表性感，它的含义（以及我们对它的心理和生理反应）可能因情境而大不相同，它在一个情境中表示性感和吸引力，在另一个情境中则表示危险。

我们对颜色的解释与反应方式取决于一系列变量，包括我们的文化背景（在中国，红色被视为幸运的象征）、习得性联想（“可口可乐红”

和“IBM 蓝”）以及普遍的内在反应（僵住、战斗、逃跑和性）。尽管一些研究人员认为我们对颜色的情感反应起源于人类的进化过程，甚至我们确实发现了一些生物学上人类对某些颜色的偏好，但这些偏好有时也可能与现实的社会规范发生冲突，导致了文化和一些规则上的差异，所以这些普遍规则无法适用于每个人。

可以说，色彩心理学是一个复杂的领域，充斥着相互矛盾的证据。虽然我已经努力在这里整理和提炼了精华，但你还是应该对下面要讲的信息持有一些保留态度。本章能扩展你对颜色和文化的理解，并指导你做出优秀的设计。然而，在阅读的过程中，请谨记人们的品位和偏好是会变化的，如果你想选择特定目的的颜色（无论是代表你的品牌、在网站中使用还是在内容中包含），最好分别测试几个变量，并评估它们对用户的心理影响。

在历史上，颜色一直作为一种强有力且即时的视觉标识存在于人们的交流中。从通过服装的颜色来表示社会地位，到通过绘画的色调来表达特定的情感，颜色可以提供细致多样的含义映射。这些含义可以在文字无法传达信息的情况下发挥作用。在网上，恰当使用颜色可以引导人们朝向特定的结果，比如让他们认为你的品牌更值得信赖、更有价值，甚至更权威。

我们对颜色的反应方式在很大程度上受我们的文化背景的影响。例如，一个国家认为神圣的颜色在其他地方可能有完全不同的含义，因此，一种颜色的含义和对人的影响在很大程度上取决于其历史背景。

举个例子，在西方犹太－基督教文化中，金色、红色、白色和蓝色/紫色的色彩组合代表着富饶、权力和权威。为什么呢？因为这些特定颜色的颜料和染料最初是从稀有和珍贵的物质中提取的，价格非常昂贵。随着时间的推移，它们逐渐成为财富和地位的象征。

另外，文化间对特定颜色组合的整体偏好也可能有很大的差异。比如，如果我们将印度对明亮、高度饱和多样化的色彩组合的喜爱与北欧国家所偏爱的更柔和的色调相比较，我们会觉得文化间对色彩的偏好就是一个谜。

无论我们的文化背景如何，我们往往认为我们的经历、信仰和社会结构是“正常”的。因此，我们经常忘记我们生活在一个小小的微观世界中，其中有其适应的文化。而在我们的小圈子之外，则是一个完全不同的世界，生活着和我们一样受到生理、心理和当地文化影响的人们。要想与其成功地交流，就必须首先更广泛地看待我们之间存在的各种差异，然后以此为起点，编绘出一幅文化的图景。

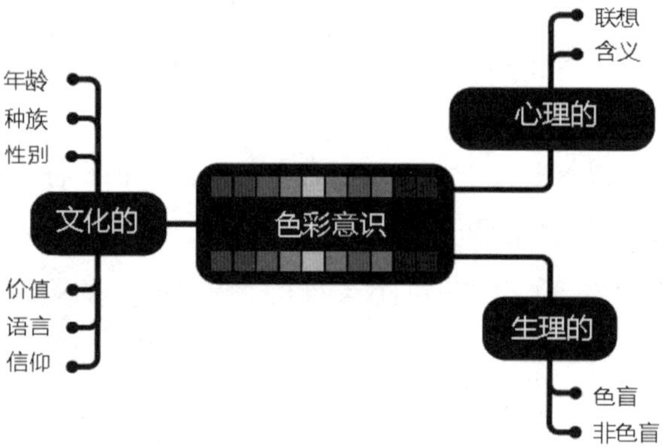

颜色与价值

颜色不仅有象征意义，还影响我们对产品价格和质量的看法。例如，在英国，采用粉红色的产品往往被认为是中等价格且富有青春气息，而使用中性色（黑色、白色、灰色、米色等）的产品可能被视为更昂贵、“乏味无趣”和“适合成熟的人”。

尽管我们的品位可能会随着时尚趋势而改变，但深色似乎始终与高价值和富贵属性有着不解之缘，这就是为什么它们常被用在更昂贵的产品上，表现其高雅和高质量的特性。在网上，颜色可能会在潜意识里激发和影响人们的行为，如果你在设计中有意应用这种效果会给网站带来很大的好处。正如我们在这一章中所看到的，为你的品牌、网站、产品和营销材料选择合适的颜色不仅取决于你想要传达的信息，还取决于你想要触达的人群。

多年来，许多广告商声称品牌的颜色可以影响客户的购买行为，甚至增加销售额。因此，当心理学家卡尔顿·瓦格纳（Carlton Wagner）决定测试这一理论时，你可以想象它引起的关注程度之大。瓦格纳建议美国的热狗餐厅 Wienerschnitzel 在其建筑颜色中加入一点橙色。他相信，为品牌形象增添橙色将传达出该连锁店具有物超所值的意味，从而吸引更多的用户并增加热狗的销售额 。事实证明他是对的。在这次微小的颜色调整之后，Wienerschnitzel 的销售额增长了 7%，从而验证了“颜色影响销售”的假设，并在此过程中为公司赚取了可观的利润。

顾问詹姆斯·曼德尔（James Mandle）在建议 Ty-D-Bol 将其马桶清洁剂包装的颜色从浅蓝和绿色改为明亮的白色字母和深色背景后，也取得了类似的成功。曼德尔相信新的、大胆的颜色方案会传达出洁净和力量的感觉，并摒弃了原来瓶子的设计所透露出的“窝囊”的感觉。当 Ty-D-Bol 的销售额在接下来的 18 个月里跃升了整整 40% 时，曼德尔的看法也得到了证实。

颜色对生理的影响

颜色既影响人类的行为也影响人类的生理。尽管其中存在差异，但其价值却远远超越了国界。

——托马斯·马登（Thomas Madden）、凯莉·休伊特（Kelly Hewitt）和马丁·罗思（Martin Roth），《市场营销》

颜色带有特定的内涵，它们对心理功能有着重要的、现实的影响。实际上研究显示，当我们看到某些对我们有特定含义的颜色时（例如，我会将湛蓝与在西班牙南部度假联系起来），仅仅是对这种颜色的感知就可以引发一系列相关的思考、情感和行为（我在想起妈妈的家常菜和同爸爸在露台上喝鸡尾酒时会感到一阵温暖）。

除了与你的品牌和身份挂钩，颜色也可以与特定的产品类别产生强烈的关联。例如，在美国，银色使人联想到乳制品，粉红色与芭比娃娃和化妆品有关，蓝色与从金融服务到健康食品和甜点的一系列类别有关。虽然我们可以通过违背这种颜色规律来推出标新立异的产品，但这样的成功案例往往屈指可数。相反，研究表明，当涉及购买高参与度的产品时，我们往往遵循主观规范。这就是为什么，你在通过网站直接销售产品时需要遵循客户对于颜色的社会普遍认知规律，这样往往能提高客户对你网站的美感评价，并增强购买意愿。

颜色还可以很好地传达品牌定位。例如，在美国，蓝色品牌的公司意味着稳健可靠，它是金融服务的首选颜色——你只需要浏览一下《财富》杂志 100 强公司的网站，就会看到它们对柔和的灰蓝色配色方案有着明显的偏好。

除了传达特定的含义，颜色还决定人们与网站的互动方式，甚至可以影响他们后来能回忆起来的信息的数量和类型。由于我们浏览网站时的第一件事就是观察其颜色，所以找到并使用最能激发访客反馈的颜色是至关重要的。尽管更明亮、高饱和的颜色通常使我们感到更兴奋，但这种颜色却未必能保障在线销售的增加或与访客产生良好的互动。

考虑到某些颜色（和颜色的组合）在生理上能对我们产生影响，快餐连锁店传统上往往在其品牌和餐厅内部装修使用红色和黄色（增加食欲唤醒水平）以刺激食欲并提高餐客的翻台率。另外，金融机构经常使用蓝色来体现安全感和宁静感，研究显示，蓝色主题的网站往往更被用户信赖。

某些颜色甚至可以增强我们对细节的关注力。这些颜色能使我们感到生机勃勃的气息，这也增强了我们对该颜色的主观信任感。然而，有趣的是，大多数人都不喜欢配色为黄色的电子商务网站，因为它们引起了不信任感，而这与我们的文化背景无关。在设计圈有一条基本的经验法则,颜色的饱和度越高,它引起的兴奋感（无论是好还是坏）就越强烈。

亮度、饱和度和色调

心理学家汉斯·艾森克（Hans Eysenck）曾确立了一个全球范围内的颜色偏好等级，人们在选择颜色时往往会表达出这样的偏好，分别是从上到下：

— 蓝色

— 红色

— 绿色

— 紫色

— 橙色

— 黄色

在过去的 70 年中,这个排名基本保持稳定,因此在我们设计网站时,它可以作为一个有用的参考标准。然而，我们对颜色的反应不仅受到色调的影响，还受到饱和度的影响。心理学家瓦尔迪兹（Valdez）和梅拉宾（Mehrabian）发现颜色的亮度和饱和度与人们的情感反应之间存在“强烈且高度可预测的关系”。他们认为人们能从明亮、饱和的颜色中获得最大的愉悦感，且颜色的饱和度越强，这种生理唤醒的反应就越强烈。

如果我让你回忆一下可口可乐的广告，无论是旧的还是新的，你首先想到的可能就是鲜艳的红色，然后才是与它相关的一些回忆与联想。

这种明亮、高饱和的颜色是可口可乐品牌如此成功和广为人知的原因之一。然而，只有可口可乐在美国确立品牌地位之后（在那里红色与激情、兴奋等有关联），它才能跨越国界，在那些红色有着不同传统含义的文化中形成新的关联。回想一下全球化的概念，需要注意的是，虽然现在世界各地的人们可能都认为“可口可乐红”是其独特的颜色，但可口可乐的其他周边（如其网站、宣传材料和商品）的颜色仍然是根据不同市场的文化需求和偏好来设计的。

瓦尔迪兹和梅拉宾的发现还为传统上设计师们使用不同颜色分组来引发特定反应的做法提供了理论支持，即暖色（红、橙、粉红）引发的反馈活跃水平要比冷色高。在普遍偏好方面，他们发现人们最喜欢的色调是蓝色系（蓝、蓝绿、绿、紫红、紫和紫蓝），最不喜欢的色调是黄色和黄绿，红色则被评为中等。有趣的是，人们表示他们对紫红色产生了顺从的感觉，并对黄色和黄绿色产生了更为主动的感觉。他们还发现，与男性相比，女性对饱和度和亮度更为敏感，可能是因为一些女性是四色视者（她们的视网膜中有四种颜色感知的视锥，而不是三种），这意味着她们可以感知多达 1 亿种颜色。

法国研究员让 – 埃里克 · 佩莱（Jean-Eric Pelet）发现，网站上更高的颜色亮度和饱和度可以增强人们的购买意愿，并强化人们对该网站信息的记忆力。尽管我们在将特定文化的研究结果推广到其他人群时必须谨慎小心，但该研究还强调了一点，颜色除了起到纯粹的美学作用之外，实际上还可以影响我们的态度、行为、记忆和情感。

在产品领域，常识可能会告诉我们，高亮度且多彩的包装比柔和的色彩组合更能吸引人们的注意。尽管确实有证据支持这一观点，但心理学家还发现，一个社会对颜色和包装的偏好可能取决于其男性化和女性化的程度（按照霍夫斯泰德的定义，参见第 4 章）。例如，在一项研究中，研究人员发现，在男性化文化中，使用柔和、低对比度、和谐的颜色包装的女性除臭剂会卖得更好，而来自女性化社会的女性则更喜欢更亮、对比度更高的颜色的包装。

电子商务网站与颜色

正确的颜色是畅销密码。

——颜色营销研究小组

回想一下你最喜欢的口香糖，首先浮现在你脑海中的是什么？是它的名字还是它的颜色？研究表明，我们的大脑根据物体的颜色来记忆它们，记忆品牌也是如此。对于任何事物，我们最先记住的就是它的颜色，接着是形状、数字，最后是文字。这意味着，如果你希望在网上被人记住，为你的品牌选择正确的颜色至关重要。

虽然不少公司确实会跟随大众趋势制定其颜色策略（例如，生态产品通常是绿色的），但在一个竞争激烈的市场中，有时候品牌利用反常规的颜色策略更容易脱颖而出（例如，在美国的通信市场中，Sprint 使用黄色，AT&T 使用蓝色，而 T-Mobile 则使用粉色）。事实上，颜色是全球最强有力的营销工具之一，它们可以有效地在客户心中创建、维护和发展品牌形象。我们对颜色的情感和心理反应如此之大，以至于某些国家甚至在法律中也考虑到颜色带来的影响。例如，美国商标法就反对“颜色仿制品”，并将产品颜色视作产品商标保护的一部分。

正如我们所知，电子商务成功的关键要素之一就是赢得消费者的信任，而我们与消费者的初次接触往往发生得很快又影响深远，所以如何利用好见面的最初几秒钟就显得十分关键。

如果你想与线上用户建立信任，使用一些特定的颜色可以轻松提高用户对品牌、网站和营销的信任感。例如，使用浅色、不饱和的颜色（如淡蓝色、奶油色和灰色）的电子商务网站往往更容易被用户视为更值得信赖的、仁慈的、有能力的和可预测的，因为它们为用户创造了一个舒缓、放松的环境。而与前者相比，那些使用鲜艳、高饱和度颜色的网站可能会被视为具有侵略性的或过度营销的，导致消费者对它们敬而远之。

除了影响我们对网站信息的记忆，颜色还可以影响导航的简便性和可读性。在线上，无论是你使用的字体还是文字与背景之间的对比度，你所呈现的任何元素都应该保证文本清晰易读。为了获得最佳的可读性，建议文字使用对比度更高的颜色。例如，尽管不是每个人都喜欢以下的颜色搭配，但黄色背景上的蓝色文字在可读性上表现得最好，而红色背景上的紫色字可读性最差。一般来说，使用黑色或深灰色的文本对比白色（或近白色）的背景是安全的选择。只有你的客户能轻松读懂你的时候，他们才有可能将你的品牌与这种清晰感和畅快的阅读体验联系起来。

尽管你可以使用各种颜色的文字与背景，但根据我的经验，大多数人更喜欢在浅色页面上阅读深色文字，这可能是因为我们最习惯这种格式。有些研究甚至发现，对于 Times New Roman 字体来说，白色背景上的黑色文字实际上不如黄色背景上的绿色文字清晰，但当字体切换到 Arial 时，这种绿色和黄色的组合效果就会变差很多。

无论你是在本土还是国际上运营业务，都要在推出网站之前研究你的受众。通过了解目标市场在设计和内容上的偏好，并在你的网站上迎合这些偏好，可以增强网站的“粘性”和客户忠诚度，从而为你提供竞争优势。

尤其在有些情况下，在某些情境中正常和合适的颜色在其他文化中可能被认为是不雅甚至冒犯的。我们要尽力避免犯这样的错误。举例来说，当联合航空公司的礼宾员在他们的太平洋航线上错误地戴上了白色康乃馨时，他们并不知道这些看似无害的花朵会引起轩然大波。如果他们事先做了研究，他们就会知道在某些太平洋文化中这种颜色象征着死亡和哀悼，我想他们一定会想办法避免这种事故。

个体差异

你是否好奇过，为什么老年人喜欢穿浅色衣服？这背后当然有其原因，这不仅仅是文化造成的。随着年龄的增长，我们眼中的颜色也慢慢变得暗淡，这使得浅色衣物对我们更具吸引力。在孩童时期，我们在颜色选择上更加开放且富有创意，更偏好混搭颜色与视觉特效，相对那些柔和的颜色，我们更喜爱闪光的装饰和金属色调。事实上，研究表明我们大多数成年人的喜好是后天学到的（这或许可以解释巨大文化差异的存在），因为婴儿普遍更喜欢观察长波段的颜色，如红色和黄色，而不喜欢短波长的颜色。

即使是大家普遍喜欢的蓝色，根据年龄也存在着偏好差异。13 ~ 34 岁的人们更喜欢较深的蓝色，而 35 岁以上的人群则更喜欢浅蓝色，如天蓝。所以，如果你的目标人群属于特定的年龄段，请确保你的设计符合他们对应的颜色审美，因为你使用的颜色的色调和亮度可能会影响到用户对你的看法。

年龄并不是影响我们品位的唯一因素。性格也会带来很大的差异，例如外向的人更喜欢明亮的颜色，而内向的人则更喜欢柔和、不那么鲜艳的颜色。甚至一个人的社会地位也可以影响其对颜色的选择。在广告中，原色（红、黄、蓝）往往更吸引蓝领群体，而经济条件更好的人则可能更喜爱柔和的色调。

颜色的含义

将西方视角下对颜色的狭隘看法视为“普遍的”，并将其应用于异国市场，往往会导致文化战略上的失误。

——穆贝·阿斯兰（Mubeen Aslam），市场营销专家

尽管有许多大众心理学博客都宣称对这个话题提供过权威的指导，但当我研究颜色的含义时，我很惊讶地发现目前公开可用的、基于证据的、引用严谨的资料非常缺乏。本章是我写的最为复杂、也最耗时的章节之一，我希望接下来的内容能够科学地阐述颜色的含义，以及成为如何更好应用它们的指南。

影响颜色含义的最大因素之一是其所在环境。虽然某些颜色具有普遍的吸引力（很可能是因为它们在我们的进化过程中扮演的重要角色），但各国文化在为特定色彩赋予含义上存在很大的差异。例如，如果你在英国或泰国的葬礼上只穿黑色，人们会认为你穿着很得体。然而，如果你在印度教的葬礼上这么做，你可能会发现自己成为一片白色海洋中格格不入的黑色怪人。

在接下来的内容中，我们将探讨与每种基本颜色相关的心理研究，包括绿色和黑色（选择这些颜色是基于可信的研究结果）。虽然这个列表绝不是详尽无遗的，但它应该能为你提供一份关于颜色的心理和生理效果的清晰的、基于证据的基础报告，你可以将这些知识运用到你线上的设计中去。

红色

“那个女人热情似火……”

长久以来，红色在全球范围内都与性感和欲望有关，并有大量的研究显示对红色的强烈反应早就刻在了我们的基因里。

红色可以加速你的心率，促进食欲。对于一支体育队伍，（在其他所有条件都相等的情况下）穿上红色战袍甚至可以帮助你赢得胜利（抱歉，曼联，你的秘密被揭穿了）。事实上，在竞争的情境下，我们天生将红色视为危险的信号，而在那些答题得分的情境下，比如参加 IQ 测试，红色可以在参赛者中引发回避行为——我们会回避那些困难的问题！奇怪的是，红色让人感觉时间过得更慢，我们往往认为相同重量的红色物体比其他颜色的物体更重。

当涉及性时，研究发现红色使男性觉得女性更有吸引力，我相信我们都知道一两个关于神秘的红衣女人的香艳故事。这个诱人、神秘的形象在我们的电影和小说中反复出现：格林兄弟的《小红帽》，电视剧《太空堡垒卡拉狄加》中的危险诱人的赛昂美女 6 号，以及在《黑客帝国》中那个名场面中分散尼欧注意力的谜之红衣女人，等等。

尽管这些角色背景各异，但她们身上都带有性感和危险的暗流，反映出一种长久以来深植于西方人心灵中的人物原型。

从历史角度看，全球的女性已经用各种红色美化自己近 12,000 年了。现如今，每个情人节，我们都会向心仪的对象送出数以百万计的红色和粉色的卡片和鲜花。当然，也有例外，比如在沙特阿拉伯，那里每年都会在节日前禁止花店和礼品店售卖红色礼物，因为人们认为情人节“催化了未婚男女之间的不道德关系”。

尽管红色是一种激发情欲的颜色，但一些心理学家认为，可能是饱和度较高的红色导致了这些效应，而不是颜色本身。我们都认为鲜艳的红色具有强烈的挑逗性，这可能也解释了为什么它们被广泛用于警告信号，如停车标志和红绿灯上。此外，尽管每种颜色的含义都受到文化影响而产生细微差异,但红色在大多数人眼中都意味着“热情”“活力”和“强烈的情感”。实际上，在中国，红色与黑色的组合包含了上述这些丰富的情感内涵，以至于红加黑是用于婚礼请柬的最常见颜色组合。

红色效应到底是源于人类天性还是后天培养还有待观察。但有一点可以肯定：红色能提供一种强烈的、激发内心的、直观的暗示，它不仅对人类有巨大的影响，而且对其他物种也是如此。如果你想在网上使用红色，请务必谨慎小心。

蓝色

“我感到心情低落……”

英语中的“蓝色”有心情忧郁的意思。用颜色来表达情感的方式揭示了这两者之间深刻的心理联系。现在的研究也发现，像颜色的饱和度和亮度等因素也可以对我们的情感产生强烈、持久的影响。

蓝色是罕见的具有普遍情感吸引力的颜色之一。它通常被视为令人平静的、愉快的和放松的颜色。它也是最常与信任、安全和财富相联系的颜色，这也解释了为什么像银行和律师事务所这样的企业（特别是在美国）会如此普遍地喜欢它。

这也解释了为什么三个最成熟的社交媒体平台（脸书、推特和领英）都不约而同地选择了蓝色的公司标志。然而，无论这种颜色多么受欢迎，我们对它的看法还是不能摆脱种族、性别和年龄等人口因素的影响。例如，研究表明，在某些地方，比如东亚，蓝色实际上可能被视为冷酷和邪恶的！

那么，它的受欢迎程度从何而来？人人都爱蓝色这一观点可以追溯到20世纪70年代。当时，两位美国心理学家决定探索一群年轻学生对颜色和数字的偏好。他们的方法很简单：他们让参与者说出他们最喜欢的颜色，并从0到9中选择他们喜欢的数字。有趣的是，这组人的答案展现出了一个现在被称为“蓝-7效应”的普遍偏好，其结果表明了人们对蓝色和数字7有着特殊的心理偏好。

从文化差异的角度，蓝色在不同文化中可以代表多种事物，包括在印度代表纯洁，在伊朗代表死亡，在荷兰代表温暖。通过比较红色和蓝色对我们的感知和决策的影响，研究发现，当产品在蓝色背景上呈现时，我们对其的评价更为积极。

人们更喜欢购买在蓝色的环境中展示的产品，而非那些放在红色环境中的。从实际的许多方面来看，蓝色都与红色截然相反，它可以激发我们的创造力，抑制我们的食欲，甚至降低我们的血压。当然也有例外，对于某些西方女性群体，蒂芙尼包装上那标志性的鸟蛋蓝足以使她们的心率加速20%！

蓝色能够影响我们对时间的感知。当它被用作网站的主色调时，它甚至可以通过让用户感觉放松来创造出连接速度变快的错觉。蓝色也是超链接的标准颜色，这在当时也是红极一时的热议话题，谷歌对其用户测试了40种不同的蓝色（从偏绿的蓝到偏蓝的蓝）以探究哪种蓝色会吸引到更多的点击量。结果是，偏蓝的蓝色成为明显的赢家（谁能想到呢？！）。在现实世界中，蓝色甚至可以使物体看起来更轻（与红色效果相反），它是最受欢迎的衣物颜色（看看牛仔裤）。有趣的是，蓝色还似乎是一些其他物种的最爱，包括熊蜂、飞蛾和知更鸟。

尽管无从确定，但我们对蓝色的偏好可能来自我们希望自己与广阔的海洋和天空相关联。当然这种泛文化的偏好也有其限制性。例如，尽管蓝色可能是你喜欢的湖泊颜色，但你绝对不想让苹果呈现出这种颜色。

最近，蓝色波长光（我们的笔记本电脑和智能手机发出的那种光）已被发现能抑制大脑中褪黑素的产生，增加产生警觉性的 α 波，这也是为什么晚上玩过多时间的手机或电脑会让你感到兴奋并且无法入睡。反过来，它还可以提高认知表现，增强注意力，缩短反应时间，调整心情。最近一个新发现证明，人类大脑的情感中心中存在一个对蓝色光敏感的感光体，这也证明了那些伟大的艺术家多年来的直觉：蓝色是一种引人注目、能引起情感共鸣的颜色。

黄色

"黄色的阳光……黄色的胆小鬼……"

与蓝色不同，黄色普遍都带有活跃和令人兴奋的属性，与红色一样，它可以对观众产生刺激、唤醒的效果。黄色通常被认为是一种温暖、快乐的颜色，并与明亮和太阳有着自然而然的联系。但是，黄色也是一个多变的颜色，它也能化身为引起警惕的感觉，这可能是因为它在自然界中经常表示危险（想想黄蜂和蛇）。

也许这就是黄色在三原色中最不受欢迎的原因吧。尽管在一些东亚文化中，它与灵性有着积极的联系。对人眼来说，黄色通常看起来比白色更亮，这解释了为什么我们倾向于使用它来吸引注意力，无论是在道路标志上、汽车前灯还是在互联网上我们都能看到黄色的警告。

绿色

"嫉妒得发绿……她是种花好手……他给我开了绿灯……"

绿色是更为变化多端的一种色彩，它可以有多种不同的含义。虽然它主要与自然相关（因此被认为是相当放松的），但在美国，深绿色也代表地位和财富，而豌豆绿则往往象征着恶心的事物。当涉及普遍的含义时，绿色常与白色和蓝色一同被归类，代表“温柔”“和平”和“宁静”——而在一些地区（如美国和巴西），消费者还将绿色与“美丽”相联系。

黑色

黑如夜色……

显而易见，黑色通常与黑暗相关，但在西方，它也可以代表高雅和死亡，并且通过诸如“着正装”和“正式晚宴”之类的活动来使其象征财富和繁荣。在设计方面，对于西方的白领人群来说，黑色经常被用来传达正式和严肃的意味，并且与代表“过时的”和“悲伤的”的棕色密切相关。奇怪的是，研究发现了体育中穿黑色队服与恶意行为之间存在联系，例如穿着黑色队服参加比赛的队伍往往比穿着白色队服的队伍更容易表现出侵略性行为。

第 10 章
社交媒体与客户服务

随着营销与客户服务和销售的融合，今天的营销更多地是关于帮助，而非炒作。

——乔尔·布克（Joel Book），Salesforce 公司

什么人？什么事？怎么做的？为什么？

从观看新闻和社会评论到与亲人保持联系并表达情感，社交媒体已成为我们现代生活中的主要沟通方式。无论我们是否喜欢，也无论是个人还是商业层面，这些众多构成我们社交场景的平台都在我们的生活中扮演着核心角色。尽管我们中的大多数可能只是使用社交媒体来维持关系、寻找信息和获得归属感，但品牌方越来越多地开始利用这些平台直接与其受众互动，那些更高瞻远瞩的组织更是将社交媒体视为客户服务工具中的又一个新亮点。

尽管我们常常批评社交媒体会分散我们的注意力、增加我们的自恋程度，并降低现实生活中面对面的社交互动质量，但近年来，社交媒体使我们能够了解各种真实世界中的动态。从个性如何塑造我们的在线行为，到疾病的传播，以及股票市场的波动，只要有合适的工具，社交媒体就可以为我们提供我们以前认为不可能获得的信息和观点。

要了解如何能最好地利用社交媒体进行商业活动，我们首先必须了解社交媒体用户的行为基准和心理动态是什么。通过研究我们通常选择在社交媒体上分享什么样的内容，就能发现各类富有启发性的见解。从视频和热梗到评论和文章，社交内容都有着关键的作用——它不仅能反映我们是谁,还能反映我们的朋友是谁,以及他们会（或不会）允许什么。

我们渴望被爱和被接受，许多人都转向这些平台来寻求认同，在这个过程中我们越来越依赖所收到的反馈来支撑我们的自尊。尽管有证据表明，当我们使用社交网络来维持我们强大的社交纽带时，我们中的一些人会得到精神提振，但研究也表明，对许多人来说结果可能恰恰相反。越来越多的研究指向社交媒体可能给我们的心理健康、睡眠和自我价值感带来风险，而我们对关注的渴望推动了我们今天看到的许多自恋、自我膨胀的行为。

我们选择在网上分享的内容不仅来源于我们自己的价值观、偏好和信仰，还来自他人的价值观。我们发送到网上的每一篇帖子、状态更新或内容，都会收到社交回应，无论是以喜欢、转发、投票、分享、评论或令人难受的沉默的形式。这些回应随后会作为一种强化力量，鼓励某种行为（例如分享人们觉得滑稽、有趣或合适的内容）并阻止其他行为（撤回或自我审查不受欢迎的观点和消息）。正因如此，许多人已经开始编辑自己的动态，删除那些没有吸引足够关注的帖子，并推广已经得到认可的内容。

什么使内容具有社交性

如果你曾经观看、分享或无意中制造了病毒式传播的内容，你会知道这样的网络迷因（网络上由一用户传至另一用户的图片、视频等内容等）与其他所有内容有所不同。这些内容之所以能够像病毒一样传播，往往是因为它是某种情绪传染的载体，通过这一过程，分享者（或内容）影响了其他人的情绪，无论是通过有意识还是无意识的方式诱发其他人的情绪状态和态度。事实上，社会心理学家伊莱恩·哈特菲尔德（Elaine Hatfield）和她的同事提出，我们可以通过与目标受众同步我们的表情、姿势、发声和手势，来诱导他人的情绪。这意味着，如果你知道你的目标受众是谁，并可以相应地投其所好，你就更有可能得到你所期望的情绪反应。

无论你是因感到沮丧而需要快速振作，还是希望通过浏览新闻提要来寻找愉悦，研究表明，情绪内容的帖子（无论是正面还是负面的）都具有很高的感染力。尽管情感内容总体上更容易被分享，但大量研究发现，积极正面的内容实际上比那些负面的内容更具有传染性，这或许可以解释为什么那些病毒式传播的内容大多很有趣。

在危机时期，这种幽默感常常会作为一种有益的释放出现，它使我们能够与他人建立联系，减少压力。这被称为“照料和结盟反应”，在紧张或恐怖的情境中，正是这种生物行为上的社交需求，驱使我们围绕着某个标签聚集，并希望找到与我们志同道合的人。有趣的是，我们现在已经开始在线下环境（如抗议和示威）中采用线上行为规则（如设置标签话题）了，以便在各种情境中促进大规模的社交联系。

无论你如何使用社交媒体，如果你希望人们与你的内容互动，就要抓住他们的注意力。虽然你可以使用充满个性的关键词和包装技巧来从心理学角度优化你的内容，但你也可以使用更普遍的规则来确保它能触及更广泛的受众。从之前的报纸头条，到我们今天在网上看到的由算法生成的标题，我们最关注的总是那些引起我们最大好奇心的内容。尽管科技日新月异，但当代的文案写手仍然在使用许多相同的技巧和触发词来吸引我们的注意。这些方法在当下这个标题党的世界中是司空见惯的，然而，如果你能提供符合读者预期价值的精彩内容，那么这些千篇一律的心理钩子就可以调动起你与读者间原本乏味的互动。

操作指南

创建吸引点击的标题

假设你想为一个在线生活杂志写一篇关于煎鸡蛋的文章。你可以把标题定为《如何煎鸡蛋》，或者《为什么我喜欢煎鸡蛋》，又或者你可以通过应用一些心理学原则来使标题更具吸引力。虽然有数百种不同的方法可供你使用，我还是想在下面概述一个你可以拿来就用的文案优化公式。

触发词

为了使你的标题更具吸引力，你可以使用各种形容词，如：奇怪的、令人惊讶的、秘密的、神秘的、陌生的、令人震惊的、奇特的、惊人的、古怪的、必要的、不可思议的——以及我个人最喜欢的表达，“这不是你想的那样”。

公式

确定内容的核心信息后，你可以使用以下公式来优化你的标题：

数字＋触发词＋形容词＋关键词＋承诺＝可点击的标题

当你将这个公式套用到原始标题《如何煎鸡蛋》时，它变成了：《13种令人难以置信的用一只袜子就能煎鸡蛋的方法》。

神经化学的吸引

无论我们是使用社交媒体来进行社会评论，分享文化体验，还是去改变他人的心情，我们的这些习惯行为也存在着更加阴暗、更令人上瘾的一面。手机上滚动的新闻提要、到处要填写的社交资料，还有我们设备上无休止的通知，许多我们每天与之互动的用户界面都是被故意设计出来的，目的就是通过神经化学吸引我们的注意力！它们如何做到的？通过触发多巴胺循环。

该现象在20世纪50年代由瑞典研究者卡尔森（Carlsson）和希拉克（Hillarp）首次发现。多巴胺通常被描述为一种大脑中的奖励性化学物质，它可以增强我们的唤醒水平并驱使我们去寻求快乐。除了这些享乐主义的追求，多巴胺还在各种事情里扮演着关键角色，从我们的心情、注意力、做事动机，到思考、移动和睡眠。每当涉及快乐时，中脑边缘通路（连接伏隔核和中脑腹侧被盖区）中的D2受体似乎对我们的行为和需求起着最关键的作用，而当这个系统崩溃时，就可能导致上瘾现象。

尽管特定的多巴胺系统会驱使我们寻求新的体验，但实际上是补充性的类鸦片系统控制我们去追求刺激。问题在于，从进化的角度看，我们的祖先在追求满足感时获得了更高的生存机会，这意味着，我们这种对新体验的持续渴望是遗传下来的。

在线上，满足感是即时的、不令人满意的，而且最关键的是它是不可预测的（被称为变化比率增强）。我们目前能通过网络以如此快的速度寻找新信息，以至于类鸦片系统没有机会启动，这会导致多巴胺系统失控。这样寻求的行为本身成为一种奖励，所以在我们意识到之前，我们就陷入了多巴胺循环，使我们更难停下来。由于我们使用的大多数平台默认打开了通知，这些听觉、触觉和视觉提醒都能作为外部线索来触发我们寻求奖励的行为。

随着时间的推移，我们变得习惯于期待在这样的提示之后可能会有奖励，这只会进一步加剧我们的习惯性检查奖励的行为。实际上，这种预期变得太严重了，以至于我们经常为了检查奖励而中断手头在做的事，这个代价是巨大的。考虑到我们从中断到恢复同样的注意力水平大约需要 23 分钟，这种现象实在令人担忧。随着人们的注意力和时间都被卷入互联网中，你该如何为你的受众提供价值和满足感呢？这一切都取决于你的互动质量。

与用户的相处之道

随着技术成为我们日常生活中不可或缺的一部分，用户期望与他们互动的品牌能随时沟通交流。虽然首选渠道可能因年龄而异（25 岁以下的人喜欢社交媒体，25 ~ 34 岁的人选择电子邮件，而手机应用是 55 岁以下所有人的前三选择），用户越来越多地在开始使用社交媒体与品牌联系，并且他们的互动方式主要有两种：主动式和反应式。

在线上，当用户遇到问题时，他们会主动寻找这个品牌的账号，尤其是当他们因为某事出错而感到愤怒或沮丧，或者是当他们在其他地方得不到回应时。Forrester 的报告显示，55% 的美国成年人如果得不到对他们问题的快速回答，他们会放弃在线购物，而 77% 的人表示，公司最重要的事情是珍视消费者的时间。很明显，社交媒体为提供强大、即时的客户服务提供了一个独特的机会，这可以真正影响公司的口碑和最终的收益。

品牌方使用推特等平台回应查询不仅能让客户更满意，还可能增加他们的忠诚度，这反过来又可以带动销售。最近的一项研究发现，航空公司在推特上回应其客户的速度越快，它们因此产生的收入就越多。接到消息或投诉回复的客户愿意在下次购买该品牌时平均多支付高达 9 美元。不仅如此，如果他们在 6 分钟内收到回复，他们更有可能在未来为该航空公司多花 20 美元。

尽管客户在事情出错时经常采取这种更主动的方法，但他们也可能被动反应性地使用社交媒体，以回应品牌的营销内容或活动，无论这些活动使他们感到愉悦，还是使他们感到厌烦。我最喜欢的一个品牌很好地利用了这一点，英国的廉价杂货连锁店 Tesco 在情人节期间举行了一场活动。他们调侃了自家饱受诟病的自助结账台，发布了结账台的图片，并附上文字：“你是我打包区的意外物品 #LoveIsAllAround”。

除了利用标签，品牌方还一直在努力将他们的工作搬到线下。早在 2011 年，一位名叫皮特·尚克曼（Peter Shankman）的作家在佛罗里达州的坦帕等待前往纽约的航班时向纽约当地牛排馆发了一条推文，“嘿，@Mortons —— 你能在我两小时后降落时在纽瓦克机场迎接我，并带上一块波特豪斯牛排吗？谢谢：)”。当皮特降落时，牛排馆已经收到了他的推文，推测出了他的降落时间，并派出一位服务员在到达处迎接他，免费为他带来了一块 24 盎司的波特豪斯牛排和所有的配料。之后，皮特将他的经历发布到网上，这件事后来常被作家们提起，成为一个最佳营销实践的经典案例。

那么如何将这种方法引入客户服务策略中呢？鉴于客户希望在他们选择的渠道中获得即时、简单、流畅的体验，为了提供有效的服务，你必须研究他们在哪里最活跃，应该重点关注哪些平台，以及在哪个渠道发布哪种信息最为合适。有许多社交监测工具可以帮助你做到这点，也有几个原则可以帮助你最大限度地拉近社交媒体上的客户关系。

第一个原则是实时回复，回复应尽可能压缩在一小时内。推特发布的统计数据显示，客户响应时间可以从 4 秒到 221 小时不等，平均时长为 1 小时 24 分钟。鉴于约 60% 的客户期望在 60 分钟内得到回应，不言而喻，你回复得越快，你的客户就会越满意。鉴于此，你可以先发出一条推文确认你已收到他们的消息，并承诺稍后跟进。

同样重要的是通过设定客户期望来减少挫败感和不确定性。KLM 皇家荷兰航空公司 (@KLM) 就在这方面做得非常好。他们的首页图写着“我们预计在 11 分钟内回复。每 5 分钟更新一次”，并有一个由 150 名员工组成的团队，用 13 种不同的语言，提供 7 × 24 的客户支持。

第二个原则是互动的个性化。研究显示，当客户在推特上收到个性化的回应（一条包括品牌代表的名字和用户的名字的信息）时，77% 的人会把那个品牌推荐给其他人。相比之下，66% 的人在经历了非个性化的互动后不会推荐品牌，这强有力地证明了你需要让你的企业通信完成个性化、人性化的转变。

你需要尽可能地做到个性化和客户友好，使用真实的名字并签署每一个回复。你还可以通过采取类似于 Spotify 的方法来使你的内容与客户更加相关。Spotify 是一个音乐流媒体服务，其互动方式故意带有古怪的特点。Spotify 的推文可能相当调皮，它在回复客户时经常包含一个巧妙选择的歌曲或播放列表，旨在将一个挫败的时刻转变为一个愉悦的时刻，化问题为幽默。

第三个原则与相似性有关，即我们有寻求与自己相似的人建立联系的倾向。正如我们之前探讨的，在沟通和宣传时，我们不仅更可能将相似性信息视为比非相似性信息更可信和可靠，而且还会认为该信息的效果更好。这是一个我们可以在线上轻松利用的原则，只需在适当的地方模仿你的客户的语调和风格就可以。

我在推特上找到了一个很好的例子，是 Sainsbury's（一个英国杂货店）与一位客户之间的对话。Sainsbury's 收到以下投诉：“亲爱的 Sainsbury's，我三明治里的鸡肉味道就像被胡克 · 霍根（Hulk Hogan，一位著名格斗明星）打死的。是吗？”品牌用同样调皮的回应回复：“@(名字)真的很抱歉它没有达到您的标准。我们将立即在我们的生产线上用乌尔米特 · 瓦瑞尔（Ultimate Warrior，同样是格斗明星）替换胡克 · 霍根。”这个回复不仅使得收件人感到开心，还使所有其他查看并转发给他们关注者的推特用户感到快乐。

通过社交媒体维持良好的客户关系的第四个也是最后一个原则是，保持诚实和正直。我们都会犯错误，无论是一个不恰当的状态更新、一个发送失败的推文还是一个不恰当的评论，事情的后果取决于你如何对待错误。在这样的情况下，结果可能很大程度上取决于你没有做什么，以及你采取了哪些主动步骤。最应该避免的错误包括：用预先写好的通用回复来回应个性化的投诉；发生错误时否认或逃避责任；愤怒或恶劣地回应；反应不够迅速，或者更糟糕的是，完全不回应。

当事情出错时，品牌经常没有意识到这为他们提供了一个与客户互动的机会。当你在处理对方情绪化的互动时，如果你能够迅速代入情境并通过与客户建立有意义、个人化的联系来帮助解决问题，你很有可能为所有人争取到一个积极的结果。你不仅能解决手头的问题，而且那些感到被倾听和关心的客户可能会继续成为你品牌的支持者，帮助你建立更为坚韧的品牌形象并赢得良好的客户服务声誉。

一个社交媒体成功处理失误的例子是这样的：2011 年，Gloria Huang（美国红十字会的社交媒体）不小心从组织的官方账户发送了这样一个深夜的推文："瑞安（Ryan）找到了两打 Dogfish Head 牌的 Midas Touch 啤酒……当我们喝酒时，我们做得对 #gettngslizzerd"。这条推文大约持续了一个小时，社交媒体主管温迪·哈曼（Wendy Harman）接到一个电话后将其删除。第二天早上，他们发布了这样一个巧妙的官方推文，"我们已经删除了那条失误的推文，但请放心，红十字会是清醒的，我们已经没收了保管财物的钥匙"，从而避免了公关灾难，并让很多关注者都笑了。他们对这个情况的处理甚至导致 Dogfish Head（原始推文中提到的小型啤酒厂）发出呼吁，要求他们的粉丝为这个慈善机构捐款，由此为所有涉及的人带来了公关胜利。

操作指南

社交媒体如何为客户服务

- 主动与客户互动

客户会主动地联系品牌（当事情出错时的负面反应）或被动地联系品牌（可能是正面的反应，也可能是负面的反应）。如果他们因为投诉而联系你，请将对话转移到更为私密的领域，如即时消息、电子邮件或电话中，并确保在稍后跟进以确保他们的问题已经成功得到解决。为了增加积极的、回应性的参与，最好找到独特的方式来给你的客户带来惊喜。你可以通过自嘲你的品牌、为热门话题提供独特的见解，或者设计一个公关新闻事件（无论是线上还是线下的）来提升大众对你的观感，从而为自己赢得好口碑。

- 快速响应

当客户在社交媒体上联系品牌时，他们希望得到快速的回复。为了尽量减少负面消息被放大的风险，最好你能实时采取行动（至少在一个小时内），并通过在官方社交渠道上声明需要的响应时间来设定一个客户的期望回复时间。

- 保持个性化

无论你身处哪个行业，回复客户时请确保你的回复是个性化的。最好通过姓名或社交头衔来称呼收件人，并包含你自己的官方所用的名字，以便建立更强烈的关系感。你的语气应该是友好的，如果使用轻松或非正式的语气适合你的品牌，也可以考虑应用。

- 相似性

我们倾向于喜欢和信任与我们相似的人，所以如果你可以模仿你的客户的语气和语言，你的消息可能会更加有效和受欢迎。

- 诚实

当你犯错误时，最好的方法通常是直接快速地承认。如果你能够给出你错误的真实原因，并传达你正在采取的解决措施，客户可能会更加宽容。

网络“喷子”行为

近年来，大量的研究开始探索网络媒体通信对我们行为产生的负面影响。从匿名会引发更极端的言论，到网上环境可能导致我们中的一些人比面对面时更频繁、更强烈地进行自我披露，以及缺乏对肆无忌惮行为的约束，许多因素都在恶化我们的社交互动环境。

当我们感觉自己属于一个更广泛的、非个体化的群体的一部分时（例如，当人们围绕一个特定的标签聚集时），从历史上看，这种状态已经与容易被暗示、共情力减少、对社会产生错误认识和侵略性增强等恶果联系上了。尽管我们可能在更大或更小的程度上容易受到这些效应的影响，但当个别人通过故意激怒他人意图造成破坏时，我们所有人都被拽进了这个粪坑。

俗称“喷子”的这些人，习惯性地从事这种破坏性行为，展现出了一套非常一致的性格特征。在一组研究中，心理学家研究了超过 1,200 人的在线评论行为，发现“喷子”在四个特征上得分最高。这四个特征分别是：自恋（对自己过分感兴趣）、马基雅维利主义（冲动、有蛊惑力且富有操纵欲）、精神变态（冷漠、无畏和反社会）以及施虐狂（享受伤害他人）。实际上，研究者发现，施虐狂与 GAIT（全球互联网“喷子”评估）得分之间的关联如此之强，以至于它们可以被视为“日常施虐者的原型体”。那么，你应该如何应对这些网络“喷子”呢？

操作指南

别惯着“喷子”

- 保持警惕

如果你在社交平台上收到恶意评论，首先要做的是确定这些是不是真正的不满，还是只是“喷子”试图制造麻烦。最简单的方法是检查这个有问题的账户是否向其他人或品牌发送了类似的评论。如果是，就不必理会。

- 设立行为准则

我们都可能在网上变得激动，因此，通过在你的网站和社交平台上设立行为准则，可以帮助客户建立良好的期望。Moz 的 TAGFEE 准则在这方面做得不错，这是一套反映品牌核心价值观并鼓励安全、尊重的合作环境的社区和员工指导方针。

- 屏蔽他们

现在大多数社交平台都允许你屏蔽和举报恶意行为，有许多品牌和名人都设置了系统功能，不再允许评论，以完全避免“喷子”行为。根据你的策略，你可能希望或不希望完全屏蔽所有客户互动，而在大多数情况下，你需要决定在每个平台上采取哪种方法。

第 11 章
设计有说服力的视频

一部电影、一场戏剧、一段音乐或一本书都能带来变化。甚至可以改变世界。

——阿兰·里克曼（Alan Rickman），演员

视频有何特殊之处？

与网络上的其他媒体类型相比，视频在向观众传达大量情感和信息内容方面具有独特的即时性。由于视频是一种即时的沟通形式，它具有创造共享体验的优势，人们可以在世界的任何地方同时观看同样的内容。就像所有社交内容一样，人们以这种方式参与可以创造一种深厚的连接和社区感，这可以帮助你打造口碑并扩大你信息的传播范围。

与图像或文本不同，视频（和音频）设定了故事或信息传递的节奏。尽管人们可以随时停止观看，但内置于视频托管平台的分析工具使评估人们何时离开变得前所未有地简单。这意味着你可以跟踪每个人在停止观看内容之前究竟观看了多少，以推断为什么视频没有按预期吸引观众。这可以为你优化媒体的过程提供参考，使视频成为网络内容中可跟踪性

最强的形式之一，同时也是最具感染力的形式之一。

无论网站是普通情况下使用视频还是将视频用于展示特定产品或服务，其都能有效提高产品的转化率。一项用户行为的独立研究显示，观看了产品视频的用户的购买可能性提高了足足 100%，而且他们的平均消费比那些没有观看视频的人多出了 9.1%。

为什么我们会看视频

从心理学的角度来看，我们有各种原因观看视频。首先，虽然这可能听起来不太科学，但答案往往就是“因为所以，科学道理”。互联网上充斥着众多看似毫无理由就病毒式流行的奇怪视频。在这种情况下，它们成功的因素是难以捉摸、难以描述的，因此在事后也很少能被复制。

或许更具体点说，我们观看视频是因为它们能引起我们的好奇心，因为它们能产生各种反转和出其不意。Geico（一家保险公司）的 15 秒的《向上：快进》(*Going Up: Fast Forward*）广告是一个很好的例子，这是 YouTube 上的一个预播广告，它开始于电梯中。一名女子告诉她的朋友如何通过切换到 Geico 为她的汽车保险省钱，而一个秃顶的男子在一旁观看。在我们能看到更多之前，视频突然被切断，屏幕上出现一个画面，显示几个大字“Geico，我们现在快进到这个广告的结尾”，并伴随着旁白。几秒钟后，我们再次回到视频，发现电梯中的三个人现在都成了秃头，女人匆忙地走出电梯时抱怨说：“下次，我们走楼梯吧”。视频以一个链接结束，邀请人们“点击查看发生了什么”，并表示不会在这里透露结局。

这个广告引人注目的原因是它打破了我们对预播广告的格式和内容的期望，我们已经习惯于这种广告在叙事上是线性的、持续 30 秒、在语气上是推销和自恋的。这则广告通过挑战我们的假设并引发情感反应，让我们感到有冲动去主动地关注这个信息。

这也揭示了我们观看视频的核心原因——我们与内容互动是为了改变我们的情感状态。因为视频包含了我们依赖的许多现实生活中的线索，这些线索帮助我们与他人交往并理解对方（从面部表情、手势到语言内容和语调），它是传递情感最有效的内容类型之一。信不信由你，科学家实际上已经进行了研究，以探讨我们为什么要花那么多时间观看猫视频。事实证明，即使是一个关于猫猫的短片也足以带来情感的回报，参与者报告说，仅仅观看几分钟的猫视频后，他们感到更有活力、更积极了（并且感到不那么焦虑、烦躁或悲伤）。

说服性的叙事

尽管我们往往喜欢并乐于分享带有正面情感色彩的内容，但引起我们悲伤和愤怒的视频同样具有说服力并且深入人心。一个很好的例子是大赦国际的一个视频活动，它对比了居住在澳大利亚的一个女孩与居住在饱受战火摧残的叙利亚的女孩的早晨生活日常。大赦国际通过展现两人生活表面上的相似性，传达了每个孩子实际上面临的鲜明且残酷的现实对比。

诸如此类的故事为何如此吸引人，答案可以在神经学和心理学层面找到。在普林斯顿大学进行的一个功能性磁共振成像研究中，神经科学教授尤里·哈森（Uri Hasson）博士及其团队研究了当我们讲述和倾听一个故事时，我们的大脑中到底发生了什么。他们发现，当两个人参与这种交流时，他们在大脑的许多区域都显示出相似的反应模式，这一行为被他们描述为神经耦合。这远非是一个被动的过程，他们提出，讲故事时，叙述者和聆听者能有相同的频率体验。

然而，要达到这一点需要一些技巧。无论你想试图说服人们购买你的产品还是为某一事业捐款，我们发现悲伤和同情等情感在激励我们与他人互动和帮助他人中起到了核心作用。从心理学的角度看，讲述一个人的故事,而不是多人的故事,也会对你的信息接收方式产生深远的影响。慈善机构早就知道这种方法的有效性，随后的研究也支持了他们的策略。

鉴于我们的注意力实际上放大了我们对情感情境的反应，而情感载体的群体越大，我们的注意力和集中能力就越容易下降，所以当传达一个单独个体的困境时，故事往往最具有吸引力。例如，电影中的战斗场面往往在聚焦于主人公而不仅仅是一群战斗的人时最具吸引力。因为我们更倾向于将单个人，而不是一个群体视为一个心理上连贯的单元，这也许可以解释为什么我们对前者更有同情和悲悯的感觉。

这一现象在学术文献中被描述为心身麻痹，被认为是我们今天看到的许多行为不对称性的根源。我们对于小故事（例如曼哈顿被驱逐出巢的鹰）的情感反应与那些重大事件（如两百万无家可归的苏丹人的绝望状况）之间产生了如此大的差异，这揭示了我们处理事件方式的深刻不同。

这就是为什么，如果你试图用视频吸引你的观众并促使他们采取行动，围绕一个具体的、情感化的、单一个体的故事会比谈论一个抽象的、同质的群体更为有效。

情感与唤醒

无论我们讲述的故事是大还是小，复杂还是简单，中间经历多少转变，它们都能使我们经历从一种情感状态到另一种情感状态的旅程。根据视频的长度和目的，以及其受众的特征，你可以使用不同的模型来构建你的叙事。一个好的开始方法就是阅读《千面英雄》(*The Hero with a Thousand Faces*)，这是一本由美国神话学者约瑟夫 · 坎贝尔（Joseph

Campbell）写的探讨原型英雄之旅的开创性书籍。

这种叙事弧的手法在我们今天所喜欢的许多故事中都还在使用，甚至乔治·卢卡斯（George Lucas）也承认它对《星球大战》(*Star Wars*)电影有影响。

无论你是使用英雄之旅还是坎贝尔的其他模型，有两个广告是非常值得一看的，分别是约翰·刘易斯（John Lewis）的圣诞广告《旅程》（*The Journey*,2012 年）和大都会保险（MetLife）的保险广告《我爸爸的故事：为了孩子的梦想》（*My Dad's Story: Dream for My Child*，2015 年）。这两个视频都精心设计了情感的涨落，以使观众的注意力保持到最后，在那里它们会让观众体验到一个积极的情感高峰。强有力的结局的重要性不言而喻，在行为经济学圈子里，甚至有一个用来描述这一启示的短语。这个术语被称为"峰终定律"，它指的是我们会根据在高峰时（最激烈的时刻）以及结束时的感受来评价经验，而不是取每一个时刻的平均值或总和。如果你想创作有说服力的视频，你可以利用这一规律来塑造情感的高潮与低谷。

除了故事的叙事弧外，我们还可能受到更直观刺激的影响，如瞳孔扩张。虽然功能性磁共振成像研究表明我们可能在意识层面上没有注意到这一点，但当男性和女性性激奋时瞳孔都会扩张，这可能解释了我们为何更喜欢大瞳孔的面部照片。虽然瞳孔反应可能代表了各种各样的事情，从心态的变化、注意力和心智活动的强度，到我们看所爱的人照片时经历的多巴胺冲动，但总的来说，扩张的瞳孔往往传达出（积极的）唤醒信息。

这些发现也正在为广告行业所用。2015 年，创意机构 BBH 决定将这些发现应用于奥迪的新款 R8 V10 plus 跑车的 60 秒广告制作中。在收集了一名赛车手在赛道上驾驶一圈的生物测量数据后，他们使用这些数据制作了一个视频，视频中对瞳孔实时扩张进行特写，以反应这次驾驶的体验。通过这种方式传达这种体验的肾上腺素刺激，他们能够从广告中向观众传达出强烈的生理唤醒信息。

不仅仅是生理诱因可以提高我们的唤醒水平，音乐也可以引发此类反应，比如增强我们的动机、增强快感、放松、减少疼痛和焦虑水平等。音乐甚至可以增加或降低我们的呼吸和心率，这取决于节奏是欢快的还是适合冥想的。这就是为什么在为你的视频选择音乐时，你应该确保音乐和你想要表达的情绪相匹配。

音乐不仅能吸引人们的注意力，如果你正在为一个广告或视频内容进行解说，降低你的声音的音调可以加强身份特征，让人觉得更有统治感、有威望和令人钦佩，这些特质与行为影响积极相关。当然，当一个人的音调降低时，他们也可能被判断为想展现得更加霸道和有支配力，所以必须小心地取得平衡。如果你正在制作视频，你还可以利用非语言线索，如身体语言、手势和服装，来反映你的观众的喜好和期望。

操作指南

各平台的视频

- 脸书、Instagram、推特

这些平台都支持自动播放视频，这意味着为了获得最好的观众反馈，你的内容需要在即使没有声音的情况下也在视觉上引人注目（在这里，情感画面和字幕都可以起到很好的效果）。由于人们主要通过移动设备访问这些频道，因此你的视频格式可以是竖屏的，即非 16∶9 比例。另外，无论你的视频内容是什么，它的前几秒必须在视觉上引人注目，以捕获那些快速滚动屏幕的用户的注意力。

- YouTube

尽管被誉为全世界最大的视频平台，但 YouTube 最受欢迎的内容从历史上来看其实一直是音频（音乐）。在品牌广告方面，那些最成功的视频往往是那些打破我们的期望、改变我们的情感状态并使我们大笑的视频。

- Vimeo

这是另一个受欢迎的视频平台，这个频道拥有较小但更有创意的社区，如果你希望收到更有建设性的反馈，这里是一个很好的分享工作的地方。

- 你的网站

你为自己网站创建的视频自然会和那些为社交频道创建的视频有着不同的目标。在自己网站上的视频应该是目标导向的，并和网站的其他元素相配合，而不是孤立地存在。如果你想增加播放率，你应该将视频的视觉品牌元素（缩略图和视频播放器）与你的品牌和网站相匹配。视频在页面上是否处于突出位置也会影响播放率，按照以往经验，其在页面的位置越靠上，获得的观看次数就越多。无论你创建什么内容，一个美观、有目的的设计的缩略图（尤其是那些包含人脸的缩略图）都更有可能带来更多的播放。

3 PART

第三部分
诚信销售

影响力

罗伯特·西奥迪尼教授

6大影响力原则

如何在互联网上应用

在这个日益复杂、快节奏的世界中，我们经常依赖启发式方法（认知捷径）来帮助我们更有效地做出决策并提升效率。如果你明白它们如何运作，你就能使用它们增加你的在线领导力。

互惠性

给予和得到

给予的义务
接受的义务
回报的义务

始于交换：
- 积极主动
- 附送赠品
- 给出优惠

一致性

承诺

我们需要在个人定位和价值观上表现得前后一致

获得承诺：
- 识别客户的特点
- 激发自我认知
- 提出请求

价格与价值

你是否知道

以数字9结尾的价格之所以被称为吸引力价格，是因为这样定价能够销售出更多的商品？

NUMBER 9

潜意识地

访问者访问你的网站时，会通过浏览内容来判断你的网站是否安全，及他们能否信任你。

线上影响力

社交保障

群体意识

我们很自然地去看其他人是如何行动的

我们在以下情况会认可团队：

- 团队强大
- 团队和我们距离近
- 团队有很多人

好感度

相似性

我们喜欢听和我们类似的人的话

做到如下可以提升好感度：

- 放大相似处
- 真诚地赞美别人
- 值得信任

权威性

专家吸引力

当我们按照权威的指示做事时会受到奖励

我们可以：

- 表现你的专业度
- 提供证据来证明你有启发创新精神

稀缺性

供应稀少

我们对稀少的东西估价会更高

在线上可以：

- 限时销售
- 做一个倒计时
- 显示出仅有的库存

行为链

> 在线服务能否成功，取决于公司能否说服用户按照商家的想法行动。
>
> —— 弗格（B.J. Fogg）和艾克尔斯(D.Eckles)，社会科学家

以下模型展示了如何设计一次在线影响力活动，以让访问者按照预定规划去行动。

1 发现 —— 认识这个服务；访问平台

2 表层参与 —— 决定试试；开始

3 深度使用 —— 创作价值和内容；让他人参与；保持活跃和忠诚

第12章
何为影响力

要说服他人，我们必须可信；要被人相信，我们必须拥有信誉；要拥有信誉，我们必须说真话。

——爱德华·莫罗（Edward R. Murrow），美国记者

阅读至此，你应该已经对你的目标用户的心理有了深入的了解，也对可以采用哪些策略来进行更有说服力的沟通有了自己的见解。这些都是构建与用户间良好沟通的基础。但这些还不够，如果你真的想看到成果，就必须学会那些可以直接应用的、自动影响用户心理的心理学原则。

只要涉及说服行为，我们的目标都应该是尽力去保障双方的利益。如果你能兼顾你的商业目标与客户的目标，那么你不仅会为所有参与者创造一个更加愉快、无摩擦的体验，而且在未来遇到不可避免的困难时，你也更有可能获得客户的推荐、赢得更多人的信任且获得客户的宽容与理解。接下来，我们将探讨一些最基本的说服原则背后的理论，它们是如何运作又是怎么起作用的，以及在什么时候该使用哪些原则。

说服的艺术

心理学家通常将“说服”定义为“一个人主动将他的态度或特定行为传递给另一个人的过程”。在线上，这意味着你通过建立的关系和设计的环境，去操纵别人去执行特定的行为。

从鼓励人们购买或评价你的产品，到成功地让访客订阅你的新闻简报或应用程序，我们通过说服技巧可以引导别人来执行这些行为。无论你的目标是什么，你的目标客户都会访问你的网站，并使用他们在那里找到的信息来决策他们下一步的行动。

当他们进入网站时，他们首先会下意识地浏览页面，了解你网站的主题内容以及他们应该如何使用这个网站。通过对登录页面进行简化，我们可以只保留某些你预设好的内容或行为指示按钮，让访问者没有多余选择，这样你就能为访客创造一个更加流畅、直观、有益的体验。

遵从性

与服从性（对权威的回应）或趋同性（按照社会规范行事）不同，在社会心理学中，遵从性指的是答应一个请求的行为。无论这个请求是明确的（直接陈述）还是含蓄的（微妙地暗示），我们有许多方法可以利用人们的遵从性来影响他们的行为。

打破后重塑

一个最有趣、最有效且最具争议的遵从性技巧就是“打破后重塑”。该技巧通过有意塑造一个令人迷惑的请求，从而降低用户的抵触情绪，从而让他们更容易被说服。

让我给你举个例子吧。在一项研究中，名叫戴维斯（Davis）和诺尔斯（Knowles）的心理学家挨家挨户地尝试以每张 3 美元的价格售卖节日贺卡。为了测试哪些因素（或因素的组合）最具说服力，他们在销售宣传中加入了一个破坏性元素，他们告诉人们这些卡片价值“300 美分”（其价值还是等于 3 美元），而不是 3 美元。除了这个简单的打破条件，他们还测试了第二个变量，他们在营销中加入了这些卡片非常“物有所值”的描述。

实验得出了有意思的结论。这个营销流程奏效了，但只有在人们接受“打破然后重塑”的销售宣传时才起了效果。通过使用不常见的措辞来提出他们的请求，“300 美分……那是 3 美元。它物超所值”，心理学家们打破了受访者“我正在被推销”的自然思考过程，从而降低了他们对说服的抗拒。通过这种出其不意的方式，这个简单的技巧最终利用了人们的遵从性且有力提升了销售额。当然，在现实生活场景中，这种技巧只有当信息的特性与您的品牌相符，且用户在冷静期后对他们的购买感到满意时，才能长期奏效。

留面子效应

说到请求帮助或推销，销售人员深知成功的关键往往在于初次请求的呈现方式和内容。罗伯特·西奥迪尼（Robert Cialdini）及其同事在 1975 年提出了一个“留面子效应”。该方法首先会提出一个令人反感的请求，以至于接受者一定会拒绝。尽管这看起来似乎违反直觉，但当销售员在这个初始请求之后再提出一个小得多、更吸引人的请求时，用户就更有可能同意第二个请求。无论是因为他们为两次拒绝而感到内疚，还是因为他们觉得在销售人员的较小请求后，必须做出相应的让步，或是因为他们担心如果拒绝次数过多会被负面评价（自我呈现理论），“留面子效应”都是一种强有力的说服技术，在正确的情境中使用时会非常有效。然而，这也可能会给人留下不好的印象，如果你提出了一个完全荒谬的请求，你有被直接拒绝的风险。

讨好法

无论是为了得到父母的认可、向朋友求助还是吸引异性，我们在生活中都曾尝试让自己变得更有吸引力或更受欢迎，以获得他人的认可与合作。从奉承话和抛媚眼，再到在我们的心仪对象面前拼命展示自己，讨好法是我们在成长过程中学到的第一种说服技巧。

有一个办法可能听起来没什么大不了，但记住别人的名字确实是让人喜欢上你的最微妙且有效的方式之一。在对话或电子邮件中，记住每个人的喜好，比如他们最喜欢的食物或爱好，都能让对方感到惊喜。而你越是关心，效果就越好。

通常，被奉承的人（你的客户）会比其他旁观者更积极地看待奉承者（你或你的品牌），这很可能是因为我们都喜欢被关注，并因此会把这种奉承视为真诚的。结果是，你的客户更有可能回应你随后的请求，因为他们之前受到了赞美。

这种说服效果是出于一种欠债感（被奉承的接受者感到有责任回报）还是因为人们更喜欢奉承自己的人，目前尚不清楚，但关键是它确实是有用的。我已经看到这种策略的各种变体在网上表现得非常出色了，特别是当这个请求（或提议）显然是玩笑式的，例如一个弹出窗口写着："只有最聪明的人才会从我们这里购买……这里给你 9.9 折的优惠，向你的朋友炫耀吧"。我们往往会莞尔一笑，并点了进去。

天生有趣

人类在任何情况下都会去寻求以最有益、最有效的方式达成目标的方法，这就是为什么我们对一个请求的反应通常来源于我们对它的感觉。

例如，一组心理学家发现，面对公开的请求（比如被要求为学校抽奖捐赠奖品）时，我们往往是出于避免感到恐惧和羞愧的需要而采取行动。然而，当私下里回应一个请求时，我们更可能是出于减轻内疚或同情的情感而行动。

从积极的动机来看，我们更倾向于回应那些我们本身觉得有趣的请求。我们往往为了从享受执行一个刺激的任务（比如游戏、竞赛或沉浸式体验）中得到的快感，就自然地提高了合作的意愿。

在这方面有一个很好的例子，就是耐克的“夜晚之主”活动，这是一个仅女性参与的，节日风格的 10 公里赛跑活动，旨在鼓励女性一起跑步，在夜幕降临后重新占领街道。通过创造一个高参与性的、文化赋权的有奖活动，耐克能够吸引大量以前未曾接触过的新客户，同时在此过程中产生社交话题并使客户与其品牌建立起积极的情感联系。

享乐价值

与“天生有趣”相关,享乐动机原则是我最喜欢的说服原则之一。“享乐”（hedonic）这个词源于希腊语中表示“甜”的术语，我们通常认为享乐主义是对快乐和感官自我放纵的追求。但在心理学术语中，享乐与经典的动机原则有关，即我们倾向于追求快乐并避免痛苦。

在互联网上，我们可以利用这点，将客户推入一个甜蜜的爆点，既满足他们的购买欲望，又满足企业的销售欲望。当这两种欲望匹配时，双赢的天堂也随之而来。购物体验越是令人愉悦，客户买单的可能性就越大。那么，你该如何提高你网站的享乐价值呢？

当我们在线购物时，我们大致上受到两种类型好处的驱使：功利的和情感的。功利的好处诸如省钱、方便、丰富的产品信息和广泛的产品供应等。情感好处包括享乐购物动机的六个关键维度：满足、角色、社交、价值、理念和冒险。

满足是指我们通过购物缓解压力、赶走坏心情或仅仅是为了奖励自己。角色是指我们为他人购物时所体验到的乐趣，以及这对我们情感的影响（当你找到那个完美的礼物时所感受到的兴奋）。社交是指与朋友或家人一起购物的乐趣。价值与做成一笔好的买卖有关，以及偶然发现那个你简直不能没有的打折商品时的兴奋感。理念是关于跟上新的风尚、创新和产品。第六个也是最后一个动机，冒险，是指购物带来的刺激和兴奋，以及被带入另一个世界的感觉。

我最喜欢的网站之一 Etsy.com 满足了上述所有的动机要素。它设计精美，每次我登录时都有最近浏览过的物品和一系列为我量身定制的建议，它总是能提振我的心情（满足）。产品的多样性使其成为一个有趣且独特的地方，在这里可以为其他人购买礼物（角色），而产品图片容易被发布和分享（社交）。当我想了解某一特定产品领域的新产品时，它总是我首选的地方（理念），当我想被带入一个充满古董首饰和不同寻常衣物的幻想世界时，它是我的乐园（冒险）。

操作指南

说服的艺术

- 公平交换

利用互惠原则确保公平的价值交换。为了获得有价值的内容、免费送货或折扣，访客这时通常会愿意提供他们的名字和电子邮件地址。

- 打破常规再重塑

如何打破惯例，使说服文案更加新颖、有吸引力且让人印象深刻呢？请查看你的网站以及竞争对手的网站，找出常见的销售宣传（例如："只需每月 4.99 英镑，立即试用！"），然后写下几种重塑构架的方法并进行分组测试。

- 留面子效应

这种策略并不适合每一个人，但如果你觉得这种方法适合你，你可以尝试首先向访客提出一个过分的要求，使得随后的较小要求相较之下显得是一个让步（例如：“把你的房子、车和不朽的灵魂都给我们吧！不行？好吧，那只留下你的邮箱地址……”）。

- 一点点奉承

如果你的品牌具有轻松、有趣的风格，这个策略会非常有效。列出你认为目标用户自认为最吸引人的特质（例如，高智商），然后使用这些特质来设计不同的行动指示按钮，再进行 A/B 分组测试，找到最有效的方法（例如，“你是如此聪明，应该加入门萨俱乐部。加入我们为高智商者设计的时事通讯。”）。

- 趣味性

如何使每一个客户乐于和你互动？无论是社交渠道、市场营销内容、用户体验还是实体活动，如果你能让这些互动更加刺激、有趣且在情感上有回报，你会看到用户更加乐于参与并服从。

- 享乐主义

通过设计一个购物体验来满足六种享乐购物动机，以此触发你的访客对愉快的追求。你提供的体验应该使他们感觉良好，帮助他们选择好的礼物，提供一种社交分享的方式，提供一种交易带来的刺激，为他们带来最新的趋势，并为他们提供一个令人兴奋的体验，带领他们进入另一个世界。

第 13 章
线上说服的原则

现代生活日益加速的节奏和信息压迫使人们形成了不加思考就顺从的思维模式，这在未来会变得越来越普遍。

——罗伯特·西奥迪尼，社会心理学家

认知捷径

作为高级哺乳动物，我们已经演化出了集中注意力的方法，这样在任何情况下，我们都可以专注于当下对我们最重要的信息。现在，当你阅读这段文字时，你可能会有意识地模糊周围的环境，然后专注于眼前的这些文字，并理解这段文字的意思。通常，我们并不会去思考自己的呼吸速度或者眼睛在阅读时该怎样移动，这是因为我们的大部分行为都是自动的——我们会调用接收到的大部分感官输入信号，并在自动模式下运行，以至于我们甚至没有意识到我们正在这样做。

在这个日益复杂、快节奏的世界中，我们经常依赖这种启发式方法（认知捷径）来帮助我们更有效地做出决策或是在陌生环境中找到方向，但在某些情况下，这种自动的认知捷径可能会给我们带来种种麻烦。

以习惯性行为为例。一个孩子只需学会如何打开一个门，之后他就可以将这种动作普遍应用于所有的门。通过学习一个单一、标准化的动作，他随后就可以应对大部分开门的情境，唯一的问题是当他遇到意外的变数时（例如，只能滑动打开的门），他会变得不知所措。我们也在使用这种经验法则来帮助我们做财务决策，从而帮助我们判断价值（这是一个被称为价格—价值的启发式原则），这条原则说白了就是那句流行的格言“一分钱一分货”。随着时间的推移，无论在哪个领域，我们都会根据我们之前的经验建立一套关于这个世界的通用规则，直到最后这些规则在我们脑子里自动运行。

让我再给你举一个例子。我的一位朋友曾经告诉我一个关于她认识的艺术家的故事。这位艺术家的画作很出色，技巧娴熟，吸引了许多经过她店铺的人的注意，却没有人购买。她感到很沮丧，于是求助于一位成功的营销顾问，这位顾问建议她在她作品的标价后面增加几个零，看看是否会有所不同。这位艺术家不情愿地同意了，然后她的画作开始热卖。

发生了什么？之前她以她认为公平的价格出售她的作品，事实上却无意中把用户吓跑了——这些用户认为价格太便宜，而价格便宜代表了质量低劣。然而，当她以更高的价格包装作品后，潜在的用户自动地将高价格解释为了更高的价值，为此他们非常愿意支付双倍或三倍的原始价格来购买这些画。

这是“价格—价值”启发式原则的一个绝佳示例，但有趣的是，这种方法并不需要产品或服务的质量极高才会奏效。相反，类似案例的问题通常在于产品的价值并未反映在其现有的市场价格上。有时，人们会把物品定价过高，希望能成功出售，但从长远来看，如果你坚持用这种策略来高价售卖低质量的产品，结果都不会太好。

对于许多企业来说，为了找到正确的市场定位而提高（或降低）价格是一个令人不安的决定。这一点在软件即服务产品（SaaS）上尤为突出，因为潜在客户可能更难以衡量是否物有所值。解决这个问题的一种方法是提供免费试用，这样人们可以在做出决定之前体验到服务的价值。但是，在那么多的竞争对手都在争夺客户的时间和注意力的情况下，你如何让人们在试用结束之前及时看到你产品的价值，从而继续使用它们呢？

Freshbooks 公司很好地应对了这一挑战，它是一家提供自动发票服务的公司，人们可以免费试用其白金会员产品 30 天。一旦潜在的客户注册试用，Freshbooks 就会开展一场魅力攻势，这种攻势非常有效（通过友好的提醒电子邮件、有用的提示、实时技术支持），以至于新客户在这段时期开始时就不得不积极地与产品互动。这意味着他们有更多的时间来完全体验产品所有的好处，所以当试用期结束时，他们更有可能已经看到了服务的价值。现在，如果客户想要保留他们已经依赖的所有功能，他们必须升级到一个付费账户，以避免失去这些好处（这里很好地利用了损失厌恶原理，我们稍后会就此讨论）。

操作指南

正确定价

- 不要低估自己

如果你提供的是高质量的产品或服务，要仔细考虑你的定价体系，你的定价会影响客户对产品价值的判断。如果你不确定如何定价，就去查看竞争对手是如何为类似的产品定价的。或者，你可以为自己设定一个明确的时间计划，依次用不同价格试验某一特定产品，这样你可以直接监测到不同价格对销售数量的影响。

- 杀出红海

人们经常认为通过降价能吸引大部分客户，之后在销售上击败竞争对手。然而低价策略也并非总是有效。一个明智的解决方案是给你的产品或服务增加真正的价值（提供竞争对手没有的东西）并反映在价格里。

- 先试再买

如果你认为你低估了自己的服务，但又对直接提价感到不舒服，你可以尝试把你的高价值服务提供30天免费试用，让人们自己体验完整的服务。如果你成功地吸引了他们，并且他们也喜欢使用你的产品，那么到试用期结束时，你只需提供“继续”或“升级”的选项，而他们已经投入的时间和努力的沉没成本（获得了有价值的回报）将会增加你的转化率。

互惠原则

我们之所以为人，是因为我们的祖先学会了分享他们的食物和技能，并将这种分享作为人际交往的光荣义务。

———理查德·利基（Richard Leakey），古人类学家

互惠是一种合作形式，我们在其中有给予、接受和回报的义务。互惠是一种社交交换，它指所有参与方交换彼此认为有价值的东西，这些东西可以是财物、援助、建议、联系、帮助或者机会。从本质上讲，如果他人给予我们一些东西，我们天生就习惯去回报他们，这也是为什么互惠作为影响力策略如此有效的原因，它比那些基于简单奖励的策略更有力量。

那么，互惠的传统从何而来呢？心理学家们推测，这一原则依赖于一种被人们普遍持有的对未来的义务感，这也是利益交换能成功的原因——你对所给予的东西在未来能够得到等值或更高价值的回报是有信心的。如果你愿意，也可以把它看作是一种债务感，即使对回报的期望是含糊的，但人们几乎总是努力去偿还这种债务。

你甚至不必去做任何利他性的事情，互惠原则也能自动运作 。事实上，即使每个参与者都只关注自己的最大利益，互惠原则也能好好地运行下去。只需看看礼物赠送这项活动就能看到互惠精神是如何运作的：当我们收到一个礼物，无论大小，即使对方没有要求我们通常也会回礼（如果我们不这样做会感到非常内疚）。为什么？因为我们在某种程度上感觉自己是被迫这样做的。即使这种感觉是微妙的甚至不存在的，我们也知道打破这个不成文的原则是不好的，因为这种原则对我们的社交成功至关重要。我们的祖先通过这种方式分享他们的知识、工具和援助，会使每个个体都增加生存机会。从进化的角度看，有人认为，互惠原则为人类文化和社会的成功和繁荣提供了基础。

如何运作

考虑到我们的社会会倾向于排斥和疏远违反互惠原则的人，可以公正地说，在大多数情况下，互惠原则都是奏效的。而且它也非常容易实施，你只需给预期的目标受众送一个礼物。虽然使用一个廉价的赠品也可以启动这一原则，但我们都知道，诚信是很重要的，所以你还是应该送给你的客户他们真正珍视的东西，这时互惠原则才能发挥最佳效果。

操作指南

给予与接受

- 给客户惊喜

在面对面与客户交往，或者在线上进行实时的网络会议时给客户准备一份惊喜效果是最佳的。如果你能够出其不意地为客户提供一个免费的礼物，然后提出请求，由于他们没有预料到你的礼物（并且暂时被你的行为所打动），他们的合作意愿可能会增加。

- 提供高价值内容

通过为目标客户提供免费的、有价值的内容（如操作指南视频、专家访谈、有价值的文章或信息），你也能启动一次高价值的互惠交换行为。尽管这些交流关系可能需要一段时间才能稳固，但你的行为仍将使你在领域中树立起可靠、慷慨的权威形象，当客户需要特定的专业知识时，你会成为他们首先想到的对象。

- 举办免费的网络研讨会

通过邀请人们在这种更私人的环境中与你互动，你可以创造出向热情的听众销售你的产品或服务的机会。通常在网络研讨会快结束但还没达到高潮时，你可以通过提供折扣的方式取得最佳效果（例如，“在我们揭示如何做 X 之前，我们想为你提供一个只此一次的特别折扣购买 Y 的机会”）。

- 赠送免费的电子书或白皮书

提供免费的电子书或白皮书的做法由来已久，但这种方法仍然有效（这就是为什么这么多人在做这个的原因）。需要记住，被最多下载、分享和引用的内容永远是那些提供了他人无法获得的重要的、拥有深入研究见解的内容（比如 PageFair 的年度广告屏蔽报告）。如果你可以为客户提供有价值的内容，那么这种方法值得一试。

- 为忠实用户提供特殊福利

如果你想加大筹码，你可以为忠实的用户额外提供一部分内容。通过建立分层的互惠制度，你可以人为地把用户划分为不同的价值层次。为那些还不是注册会员的人提供免费的预告片会鼓励他们注册（互惠行为），而一旦注册，他们将获得更多资源。这有助于加强互惠行为，促进持续的关系。

- 妥协

相互妥协是一种用来创建互惠制度的强大手段。通过向客户展示你愿意迁就他们，让他们认为更有可能获得回报，以达到双方都受益的结果（这在谈判中尤其有用）。

- 做出让步

从上一点延伸，当客户看到我们做出让步时，他们也会因为互惠原则感到亏欠而进行相应回报。如果你想以特定的价格出售物品，首先提高你的要价（被称为锚定）并允许自己在可以接受的水平上让步。大多数情况下，你的价格让步会得到对方进行购买的回报。

- 拒绝然后退让

基于让步的原则，我们在上一章提到了这个特定策略（留面子效应）。当你要求客户采取他们觉得要付出高昂代价的行动时，如要求客户反馈或让他们为你的事业捐款或花费时间，这种方法会很有效。通过这一原则，你首先要向某人提出一个他们可能会拒绝的大要求，比如“你能为我们的网站写十篇帖子吗？”然后，一旦这个要求被拒绝，你就退而求其次，并拿出你真正的需求——“好吧，也许你可以为我们的网站只写一篇帖子？”由于第二个请求带有妥协的意味，对方会更有可能答应你。

一致性

心理学家早已了解，人类都有提升自我认知的动机。大量研究都记录了我们对一致性的需求，即我们总是需要与过去的行动、承诺、信仰和自我形象保持一致。

我们为了保持自我一致而付出了许多不同寻常的努力。在由隆德大学的彼得·约翰逊（Peter Johansson）教授进行的一项研究里，参与者被展示各种配对的女性照片，并被要求从中选择最具吸引力的一对，然后实验要求参与者描述为什么做出这个选择。研究人员偷偷地将参与者喜欢的图像与他们丢弃的图像交换后，询问参与者为什么选择了那张图片。大多数参与者不仅没有注意到图像的变化（变化盲区），而且继续为选择他们实际上没有选择的图像给出原因（选择盲区）。

这个反直觉且有些令人不安的研究指向了一个真相：当我们进行了一个选择，无论是被操纵的还是自发的，我们都会为这次决策构建故事并匹配与之相符的理由，以便为我们的行为辩解和事后合理化。这种现象被称为确认偏差，在抽象领域（如我们的意见、观点和信仰）尤为明显，这就是为什么我们在试图说服别人时，更加需要付诸情感而非理性。

尽管我们在对一致性的偏好上各不相同，但以上内容已表明，我们可以利用这一原则来使人们顺从某种观点，尤其是这个人有着严重的保持自我一致的倾向时（这一品质因人而异）。

登门槛效应

如果你在营销方面有背景知识，那么这个技巧对你来说肯定不陌生，因为它是最古老的技巧之一。登门槛效应首先是要求某人遵守他们不太可能拒绝的小请求（如每月捐赠 2 英镑给儿童慈善机构），也就是答应你先让你迈进这个门槛。一旦个体对这一初步的请求说了“是”，你就可以要求他们遵守与第一个请求相关的第二个、更大的请求（在这种情况下，要求他们将捐赠金额增加到每月 5 英镑）。

这个效应源于它利用了我们内心深处希望保持一致、积极的自我概念的愿望。当我们决定进行慈善行为时，我们潜意识地、内在地将这一特质归因于我们“有爱心”这一自我身份，以至于稍后，如果我们拒绝增加捐赠，我们会觉得我们某种程度上违背了我们的核心身份。

这就是为什么让人们提供客户反馈、评论或对社交内容的回应如此有效的原因之一——一旦他们进行了这些会被视为社区活跃成员的行为，他们就更有可能在未来采取与这一身份相一致的行动，从而继续活跃下去。

操作指南

保持一致性

- **识别有用的客户特质**

首先确定你希望访客采取的几种关键行动（例如，向他们的朋友推荐你或提供客户反馈），并考虑哪些特质有助于引发这些行动（例如，让你的客户视自己为潮流引领者或产品专家）。

- **设计一个两步策略**

确定了客户的关键特质后，可以设计一个两步的登门槛效应策略，以便激活客户适当的自我概念认知。例如，如果你经营一家销售出色本地啤酒的小型酿酒厂，而你需要一些口口相传的口碑营销，那么你所期望的客户行为就是他们能提供高质量的推荐、评论或用户原创内容。如果你希望客户内化的特质是“专家”，那么你的两步策略可以如下所示：1. 要求你的客户使用他们的专家意见完成一个快速的投票（提出此要求的措辞至关重要——在这种情况下，关键词是“专家”）。再给他们发送一封感谢他们宝贵反馈的邮件。2. 一周后，首先感谢他们之前的贡献，再要求这些相同的客户提供更详细的推荐或专家评论。这些工作可能看起来有些重复，但通过在客户中灌输和强化他们是精酿啤酒专家的感觉，他们更有可能认可这一特质并潜意识地指导他们的未来行动，包括告诉他们的朋友他们这些啤酒专家又有哪些新发现。

承诺

我们不但要让自己做到言行一致，还要努力去兑现过去做出的承诺——特别是那些当初主动承诺下来的事。一项有趣的研究很好地展现了人类的这一特质，心理学家询问两组大学生是否愿意参与艾滋病知识普及活动。为了表示支持，第一组学生会被要求先预填两个表格；而第二组则免去了填表环节。结果第一组的成员在活动的出席率上大大领先于第二组（甚至活动在填表后的六周）。另外，相比他们被动要求的伙伴，他们更愿意把这次决定归因于自己内在的品格。

公开化

事实证明，人们兑现那些公开声明的承诺也远比兑现私下的承诺要卖力得多。这里让我给出一个例子。

想象一下你正站在促销季的电器城里考虑买一台冰箱。销售员走到你的身旁，询问你是否需要帮助。在意识到你的些许犹豫后，她以极低的价格向你推荐了一款顶级的冰箱。你急切地想要抓住这个好机会。这时她把你一个人留在卖场考虑一下，转身去拿那些销售用的表格让你签署。你站在那里想着冰箱带有的一系列功能，你决定就买这个冰箱了！

让销售员拿着表格回来时，她会告诉你冰箱的内部托盘和智能控温是需要额外付费的。哦，如果你还需要去冰功能，这也要加钱。此时你手握签字笔站在卖场中间，觉得如果转身就走的话肯定不好。所以尽管不太情愿，你还是签下了你的名字，并付了一大笔额外费用。

这就是“虚报低价”战术，该技巧成功的秘密在于让你做出了公开的承诺。然而，有一点需要你知道，在一些集体主义盛行的国家，人们更认可互相依存而非独立个体的形象。在那里，这一招恐怕就没有那么好使了。因此，熟知你的目标客户的文化特征，并选择相应的战略是十分重要的。

操作指南

- **公开展示**

如果你正在销售一个产品或服务，且你正处于测试阶段或免费试用期，那么你可以邀请你的客户在社交媒体上公开支持你，无论是通过点赞、分享还是发推文都可以。

- **健康的同伴压力**

如果你的产品是一个应用程序，你还可以通过鼓励用户与同龄用户进行比赛以便激励用户完成一系列任务。冥想应用 Headspace 就是一个很好的例子，用户可以邀请朋友参与，跟踪并分享彼此的进展，并随着进程解锁徽章。

- **奖励积极参与**

你可以进一步鼓励人们发布用户原创的内容，通过举办竞赛来展示和公开奖励在你品牌的官方渠道上出现的最佳参赛作品（更多信息，请查看关于社交媒体的第 10 章）。

社会认同与从众行为

社会认同也被称为“群体本能”，是指我们通过改变自己的行为以适应群体规范的现象。这是一种能影响很多人的强大力量，你会发现世界各地许多成功的邪教和宗教组织的核心往往就是利用这种群体本能。

回到 20 世纪 50 年代，心理学家德驰（Deutsch）和杰拉德（Gerard）提出，从众行为来源于两种不同的动机。第一种是信息性的从众，指的是那些根据对现实的认知，希望也能“正确”地去行动的那种人。第二种是规范性从众，指的是那些想要从周围的人那里获得社交认同和赞许的人。这两个目标都服务于第三个、也是更深层次的驱动：保护我们的自尊和维持我们的自我定义的诉求。

正是这种维持自我定义的诉求，也在激励我们有意识地选择我们想要归属的群体（以及随之而来的社会规范）。在这种情况下，符合群体规范可能是与你的身份认同有关的理性思考的结果。例如，如果你认为自己对自然特别感兴趣，并且你是《国家地理》杂志的狂热读者，你可能会乐于与其他读者建立联系。他们的价值观反映了你自己的价值观，这种内部群体成员身份也会为你带来知识上的关联支持。

在日常生活中，我们经常会寻求他人的暗示来决定该如何行事，这可能会导致我们自动地依赖于专家或权威人物的判断（启发式判断）。当我们遇到危机或难以抉择的情境时，这种效应尤为明显，但当我们的情感介入时，这种效应的有效性就减弱了。在这种情况下，我们会更加关注信息的实际内容，从而以一种在控制范围内的反应来替代启发式判断。

除了寻找权威人物的行为暗示，我们还依赖于我们的同伴群体和文化中的社会规范来理解和处理社会问题。例如，我们对其他人的信仰的回应方式往往取决于我们对这些信仰实际普及程度的看法。例如，一个大群体内的某个个体表达了与集体观点完全相反的观点，在这种情境下，只要这个持不同意见的人的自我概念没有立刻受到威胁，慢慢地，这位不同意见者就会淡化自己的反对信息，以避免被群体排斥。

如果他们足以控制自己，群体的其他成员（无论规模大小、亲密与否）可能会公开羞辱该个体，使其屈服。这种结果对被质疑的人来说可能是灾难性的，不仅可能导致被疏远和羞愧的感觉，还可能导致自我怀疑。然而，如果异议者的观点从根本上就与群体不符，如身份层面的信仰，那么这个异议者会认为说出自己的观点所付出的社会成本是值得的。

重要的是，虽然从众心理可能施加足够的压力迫使成员公开采纳群体的社会规范，但这可能不反映个人私下持有的观点（这些观点可能仍然是异议的）。事实是，在大多数情况下，大多数人宁愿被一个群体接受，也不愿意独自行动，正是这种基本的归属需求使得同伴压力如此有效。

20 世纪 80 年代，心理学家比博・拉塔纳（Bibb Latané）提出了社会影响理论，更详细地探索和解释了这一现象。他提出，我们遵循群体规范的可能性受到三个主要因素的影响：

1. 群体的力量
2. 群体与我们的物理距离
3. 群体的成员数量

强大、临近、大型的群体往往对我们的个人从众水平产生更大的影响，而那些弱小、物理上远离和人数少的群体则很难对我们产生什么影响。自拉塔纳的理论框架发布以来，它已经演变为动态社会影响理论(DSIT)。该理论解释说："相比远处的人，我们更容易受到身边人的影响，导致了人们在态度、价值观、实践、身份和意义上会产生一种可以被解释为"亚文化"的地方性共识。"

虽然我们与他人的物理接近性可以影响我们在物理世界中的信仰和态度，但你也会发现这种聚众模式遍布社交网络的各个角落。因此，我们更有理由去找到那些能绑定并能聚集你的细分客户的渠道，并找出哪些群体围绕哪些社交渠道在哪里聚集。

文化差异

正如我们已经明确的，人们天生就希望得到归属，而我们为了满足这种需求，常常会使自己与更大群体的社会规范保持一致。但当涉及从众行为时，不同文化下的表现也会大相径庭。

当被要求遵守某个请求时，来自集体主义文化的人们往往更多地依赖于同伴的行动来做决定，而来自更为个体主义文化国家的人们则不太受这种效应的影响。这些对照行为可能源于不同的文化，进而影响了我们如何给从众和非从众的概念赋予意义。

例如，在个体主义文化中，我们通常认为特立独行是一件好事，且经常将其与积极的特质如原创性、独立性和自由性相联系。然而，在东亚文化中，从众被视为一种积极的特质，因为它代表了和谐和连接的感觉。事实上，东亚文化有一种倾向，即将任何偏离社会规范的事物视为越轨，这也可能导致人们为了融入规范而采取极端的手段。

这种从众心理可能也导致了像中国和日本这样的集体主义国家对奢侈品的需求日益增长。当然，还有其他因素在起作用（如超级富翁的崛起和中产阶级的壮大），但如果你非常想融入你目前所处的社群，那么你就可能会省吃俭用来购买奢侈品，从而混入那个圈子。

这种有趣的差异在一个简单的实验中得到了完美的展现，其中来自东亚（集体主义）和美国（个体主义）的参与者被要求从五支笔中（绿色和橙色）选择一支笔作为礼物带回家。因为备选的笔只有两种颜色，而总共有五支笔，所以总是有一种颜色的笔比另一种颜色的笔要多。

与文化从众的理论相一致，研究者发现东亚参与者始终偏好“普通”

的多数颜色的笔，而美国人则偏好“不常见”的少数颜色。这种从众性的分歧在网络环境中有着重要意义，尤其是当你向多元化的全球受众销售商品时。这对那些全球化的网站和营销策略提出了进一步的要求，对文化的全面掌握将在你业务的成功中起到关键作用。

转化

能够改变他人的观点是一种令人羡慕的技能。好在，这是一种可以习得的技能。研究发现，在一个团队中持有轻微反对态度的人很容易接受大多人的立场。更重要的是，人们倾向于将持某观点的团队人数多少视为是客观共识的证据。这意味着，当我们改变我们最初的、适度反对的立场并以此迎合其他人时，我们相信我们这样做是从理性的角度出发的。

从众行为的一个经典案例就是无处不在的五星评级系统。尽管在互联网时代，一切事情动动手指就能完成，但当我们在线购买商品（尤其是昂贵的电器类商品）时，我们中的许多人都会花费数小时来浏览评论网站，寻找应该从哪里购买的“正确答案”。

虽然有些人喜欢收集这种信息，但很多人会觉得这是一种痛苦的经历。这就是为什么，当我们面前被摆上一个可以替我们完成这些繁重的“攻略搜集”的解决方案时，我们会立刻被吸引。以亚马逊的评分和评论系统为例。客户的评价不仅满足了我们的很多研究需求（为我们提供了定性和定量反馈的一站式服务），还增加了我们在最终决定购买被评价商品时的满足感。如果这样的推荐对我们的购买感觉有影响，那么它们对销售可能会产生什么影响呢？

好吧，这正是我的一个客户联合利华最近在测试时提出的问题。他们进行了一项研究，跟踪了评论对产品销售的影响。在过去六周内购买过特定商品的用户会收到一封电子邮件，询问他们是否考虑对其进行评价。他们收到的有可能是激励性电邮（“获得下次在线购物的 50 英镑折扣”）、有可能是简单的产品品牌宣传电邮，或者是店铺品牌电邮（作为对照）。研究结果非常有启发性：用户不仅更有可能打开有激励性的电邮并点击链接进入评价页面，而且其中有高达 44% 的用户实际上写了评价。在影响方面，其中一个产品在活动前只有四条评价和平均 3 星的评分，但活动结束后，该产品积累了 25 条评价和平均 4.5 星的评分，这使得该产品在接下来的四个月内的基本销售量增长了惊人的 87%。

启动效应

如果你读过关于影响力的话题，你可能了解过心理学中令人着迷的启动效应。该效应主要发生在我们的潜意识里，它是一种隐性的记忆效应，我们往往会让一个刺激的反应影响到我们对另一个不同刺激的反应。例如，如果你在深夜看了一部恐怖电影，你可能会被嘎吱声或突然出现的声音吓到，但如果你看了一部浪漫喜剧就不会这样。

虽然这种效应比较微妙，但有一些有趣的研究探索了其对购买行为的影响。例如，在一个实验中，研究人员在超市的一个陈列区间歇地播放典型的法国和德国音乐，为期两周。在此期间，他们发现当播放法国音乐时，超市卖出的法国葡萄酒比德国葡萄酒多，反之亦然。然而，当他们发放问卷调查用户的葡萄酒选择时，结果表明用户完全没有意识到音乐对自己的选择有影响。

在网上，使用特定的界面元素（例如结账页面上的“输入促销码”字段）可能无意中为用户设置了一个期望（“肯定有某个折扣码在某处”），随后导致一个可预测的行为（“我必须在互联网上搜寻一个小时，直到我找到那个折扣码”）。尽管本来结账时并没有折扣码，客户在之前也没有想到可能会有折扣，但通过这种视觉预设，客户现在更有可能在寻找折扣的过程中放弃结账。

无论你是想使用启动效应通过提出自己的需求来激发客户的需求，还是想从设计的网站中消除任何偏见（混杂变量），你都需要了解启动效应是如何工作的，这样你在使用它时就能避免弄巧成拙。

操作指南

遵循与转化

- 文化一致性

如果你的目标用户基于集体主义文化，并且你希望能影响他们去做某一件事，那么你的策略就必须考虑到当前的趋势以及受众有着强烈的从众倾向。简而言之，你需要解决这个问题：要让足够多的关键人物以某种方式行事以激活从众原则，最终达到临界数量，大批追随者就会出现。

- 星级评定

通过发送友好的、个性化的、针对最近购买的产品的电子邮件来鼓励客户对产品进行评价，其中包括加入激励措施（例如“评价 X 有机会赢得一箱香槟”）。最大限度地利用这种互动，通过一些激励措施，如在他们下一次购买时给予 15% 的折扣，来感谢那些确实留下评论的人。

- 引导群体意见

社会认同原则强调了群体对个人的影响力。比如，经常发布帖子的人往往会对群体外成员的不合群评论给予猛烈反击。在大多数团体中，往往有几个关键成员比其他人更能影响他们的同伴，你可以通过更积极地与这些关键人物互动来利用这一点，从而影响更广泛人群的认知和行为。

- 扩大影响

除了要关注那些意见领袖，你还可以通过更广泛的小型互动去传播您的信息。你可以通过搜索与核心议题相关的关键词，以及在社交内容中包含使用频率较低的术语来找到这些对话。例如，如果你正围绕 #climate（气候）策划活动，你可以加入关于 #appsforearth（救救地球）或 #sustainability（可持续发展）这样的热门对话。但是，由于这样的术语在已经建立的社区里来回被提及，这可能会让你的叙述变得更像是在说教。相反，如果你可以在对话中加入使用较少的中心术语，如 #beekeeping（养蜂）或 #permaculture（持久农业），很可能会获得更大的覆盖范围，而且信息将传播到更广泛的潜在客户领域。

- 了解你的客户

由于我们都希望维持正面的自我形象，你可以通过学会站在客户的角度审视自己，来分析他们的行为和动机。你可以使用剑桥大学的偏好分析工具或我在第 5 章中提到的其他心理服务来了解更多关于客户的动机、偏好和动力的知识。

- 转化犹豫不决的人

如果你已有一批忠诚的客户，可以鼓励他们邀请那些犹豫不决的人加入。通过提供如会员优惠和推荐朋友折扣（奖励给予者和接受者）等激励措施，就可以做到这一点，并让这些充满规范性和一致性的原则发挥其魔力。那些在群体内部但还没有真正购买产品或服务的潜在客户更有可能被其他群体成员的态度所影响。因此，通过在现有客户中培养对你品牌的积极态度，无论是通过周到的客户服务、愉悦的用户体验还是情感温暖的社交互动，都有助于产生积极的品牌关联、口碑推荐和良好的声誉，这会帮助你源源不断地吸引新的客户。

- 事先启动

虽然通过设备对人们进行洗脑在现在还办不到，但你可以通过优化网站的访问体验，让访客达到愉悦的状态，从而使他们对你的品牌留下积极的记忆。如先总结一系列你希望产品与之关联的积极词汇，如：快乐、好、专家、积极、微笑、关系、支持、友好等。并在网站的标题、正文、产品描述、图片或视频等地方曝光这些词，这会帮助你的品牌设定情感调性。

- 避免意外

综合前面的几点来看，我们还需要进行快速的网站内容审核，以检查是否不小心引导访客朝向非预期的结果（如因搜索促销码而放弃结账）。为了避免这种情况出现，我们需要找出任何潜在的问题点，然后对其影响进行拆分测试，以确定其对用户行为不会产生任何负面影响。针对促销码最简洁的办法就是只提供一条简单的文字链接，写着“促销码”，在点击后再弹出信息框。通过隐藏信息框，你既可以提供促销服务，同时你的网页会变得更加重点突出且可以有效避免启动效应的出现。

镜像效应

你是否见过在初次约会时就互相调情的情侣？如果你见过，你很可能是见证到某种行为模仿在起作用。当两个人关系和谐时，他们往往会下意识地模仿对方的身体语言、手势、面部表情甚至是语音特征。虽然这是一种自然发生的现象，但它也可以被人为用来与刚刚认识的某人建立一种连接感。实际上，研究表明，与某人互动时，如果这个人模仿了我们的行为，会增进我们对这个人的亲近感，所以你不用惊讶，往往优秀的销售人员都精于此道。

无论我们是否已经意识到，但当我们处于社交的情境时，这种模仿效果是最强的。这就让如何在社交媒体中使用行为模仿成了一个有趣的话题。它也有助于解释为什么通过屏幕作为媒介的面对面互动（如视频对话）通常比那些互动性较弱、基于文本的互动（如短信）更为有力。

事实上，牛津大学的邓巴（Dunbar）教授和他的同事们进行的研究发现媒体渠道实际上遵循了一个满意层次的金字塔——真实世界的面对面交谈优于网络视频交谈，而网络视频交谈则比通过电话、短信、电子邮件和社交媒体平台的互动更令人满意。

鉴于我们长久以来对社交的偏好，我们更倾向于选择任何能让我们与互动对象处于同一物理空间的互动方式，这是完全合理的。顺便说一句，邓巴和他的同事们还发现，包含了笑脸符号（如表情符号或 LOL 这样的缩写）的邮件比不包含这些符号的邮件更受欢迎。这可能解释了为什么现在的互联网上充斥着各种动态图和表情符号——我们简直无法抗拒这种情感连接的手段。

操作指南

建立融洽关系

- 巧用幽默

当你与潜在客户交往时，适当的幽默可以起到很大的作用。根据不同的情境，你可以通过语言、表情符号或有深意的 gif 图来表达情感，从而建立更融洽的关系。当然，始终要注意文化规范和个人敏感点。

- 模仿你的客户

如果你通过视频聊天与某人交流，你可以尝试有意无意地模仿他们的手势、说话的节奏和语调以及他们的面部表情。如果你觉得这样模仿很不舒服，可以先和你的朋友练习，直到找到合适的平衡点。你最不想得到的结果就是让客户误认为你的模仿是在嘲笑他们。

- 匹配

如果你使用的是单向通信媒体，比如你的客户只能看到你（如预先录制的视频或网络研讨会），请在开始之前做些研究，尝试匹配客户可能表现出的主要特征。例如，如果你要对一群高管进行演讲，你应该模仿他们正式的着装方式，并使用专业术语，以营造更强烈的融洽感。

喜欢

我们都经历过某人要求我们去帮忙的情况。虽然我们可能不愿承认，但事实是如果我们真的喜欢一个人，我们才更有可能帮助他。因此，如果你能与客户建立一种温暖的、信任的联系感，他们就更有可能愿意帮助你，并与你合作。

在深入探讨之前，让我们先看看这种冲动的根源。人类作为社交性的生物，都渴望被别人喜欢，这源于我们渴望与周围的人建立有意义的关系。这种渴望也驱动了我们今天在网络世界看到的许多行为。喜欢是社交平台成功的最重要的心理原则之一（我们都希望感到被连接），由此出现了“点赞”按钮（这是最接近现实世界中的认可的网络代替品）和视频的病毒化传播（如果我们发现并分享有价值、有趣的东西，同龄人会更喜欢我们，我们会获得社交地位）。大多数情况下，这在潜意识之下控制着我们的行为，这也说明了为什么喜欢的力量可以如此强大。

当需要获得他人的好感时，外貌吸引力是至关重要的。人们发现，优秀的外貌几乎可以影响生活的方方面面，从在酒吧被要求证明年龄的概率（更有吸引力的人被要求出示身份证的可能性较小），到一次工作中能够挣多少小费（有吸引力的人通常会挣更多）。然而，在网上，拥有漂亮的脸蛋还不够。由于我们通常会喜欢那些能代表最好的自己的样子，因此如果可以利用内容传达出一个真实的、富有感情的形象，你将更有可能赢得客户的喜欢。

新用户与吸引力法则

正如我们前面探讨的，为了能快速而毫不费力地理解我们的世界，我们总是依赖认知的捷径来帮助我们做决策。根据经验法则，在现有的关系中，我们越喜欢某个人，就越有可能想要帮助他们或满足他们的请求。有趣的是，当面对陌生人的请求时，我们也可以使用这种方法。

当我们与一个从未见过面的人互动时，我们的潜意识会捕捉到情境线索，通过激活启发式方法来决定该如何回应那个陌生人（把他们视为威胁、熟人或是朋友）。其中最重要的线索之一是我们沟通的方式。

回想一下你与朋友之间的最后一次对话，你们是谈论一个共同的话题，轮流说话，还是更多地进行单向交互呢？通常，你会发现朋友之间的对话往往是双向的。但与一个陌生人见面，你更有可能遇到独角戏。

有趣的是，单单与陌生人随便聊聊（例如“嗨，你今天好吗？”），就可以创建足够的关系来增加他们在未来与你进一步沟通的可能性。即使在没有任何口头沟通的情况下，只需在短时间内“暴露”自己，你就可以显著地增加你与他人的合作程度。这里所说的“暴露”当然不是建议你脱掉衣服，而是指找到一种让你的客户熟悉你的方式，这样他们对你的品牌就会表现出更大的兴趣。这一原理被称为曝光效应（我们仅仅因为熟悉某个事物就倾向于对其产生偏好），它可以扩展到人际关系，并可以被用来增加你的吸引力。

这一效应也解释了为什么适当使用视频和个性化内容可以提高网站的转化率。如果仅仅暴露某人（或某物）可以增加他们的吸引力，那么扩大你的社交范围就能使你尽可能地吸引到更多用户。

可供采用的方式多种多样，但不论你决定使用哪些社交平台，只要你尽可能真实地推广自己，总会有好结果。这并不一定意味着你要像与朋友交谈那样与你的受众交谈，但它确实意味着你要以一种亲近、真实的方式展现自己，让你的个性显现出来（无论你是代表个人还是品牌，都是如此）。

当然，这与一些高度受监管的企业（比如金融、医疗和法律行业）倾向于采用的更传统的方法是相反的。然而，如今消费者已经期望从他们互动的品牌那里获得普遍的个性化（和私人化）服务，无论是哪个行业，这意味着你的企业在与客户沟通的方式上越灵活，他们可能对你的看法就越积极（和宽容）。

相似性

另一个可以吸引用户的因素是让对方感到相似性。与外貌吸引力一样，我们倾向于将这一心理暗示当作潜意识中的安全保证，即和我相似的人让我感觉安全。我们认为某人与我们越相似，我们就越可能满足他们的请求。有趣的是，这种相似性并不需要特别深层次的共性，仅仅是拥有共同的指纹类型或生日这样的表面特征就足以带来更多的合作。

然而，如果你想在网上运用这一技巧，需要注意大多数“点赞”和“相似性”研究的参与者都是女性。所以，如果真像一些研究中所提到的，女性比男性更乐于建立社交关系，你可以合理地预判，如果你的主要受众是女性，那么使用这些技巧可以带来更显著的亲和效果。

操作指南

信任我，我和你很像

- 聊天的力量

如果你在与陌生人交往前先进行一些轻松的对话，他们更有可能满足你的请求。在网上，你可以通过创建一个活跃的社交媒体并在人们与你互动时亲自回应来实现这一点。你可以在沟通中加入一些个人化的元素（例如，我总是会在推特的交流中用名字称呼他人），以此表达出你对他感兴趣，而且你们的关系是双向的。你的客户也会捕捉到这些暗示，从而触发他们平时对待朋友的模式，这样就增加了他们答应请求的可能性。

- 信任 + 价值 + 喜爱 = 转化

如果人们已经信任你并且想要买你的东西，那么你应该进一步提高你的吸引力，以增强品牌的正面影响力并激发购买欲望。你可以通过各种新奇的方式来鼓励人们，让他们对自己感觉更好（奖励为你的品牌打广告的用户，或转发一个善意的评论），让现有的客户感到高兴（在你发货的包裹中附上手写的感谢信），这样他们就会与朋友分享经验与感受。

- 相似性

无论你的产品是什么，你都可以使用相似性原理来建立你与客户之间的融洽感和信任感。例如，如果你知道你的目标群体主要是年轻的、穿格子衬衫的、喜欢 DIY 的爸爸们，你可以在网站的设计和内容中反映出这一点，使用照片和视频来模仿他们可能拥有的任何独特的外在特征和特点。

权威性

“人们经常因遵循权威人物的观点、建议和指示而有所获得。”

——罗伯特·西奥迪尼和诺亚·葛斯坦（Noah Goldstein），社会心理学家

正如我们已经看到的，拥有权威（甚至只是权威的幻觉）是使你的信息更具说服力的有力方式。我不知道你怎么想，但如果我第一次去看妇科医生（或者，如果你是男的，去看泌尿科医生），医生最好在墙上挂有所有相关的证书，否则我不会走进那个检查室。不仅是在这些微妙的环境中，我们时时刻刻都在寻找权威的安慰。在日常生活中，无论是去新的杂货店，还是决定买哪辆车，我们都会不自觉地寻找其他人的（或其他企业的）权威级别的线索。无论在什么情境下，当我们第一次与一个未知的品牌互动时，我们都会想尽办法来确定他们的权威程度。

软策略 vs. 硬策略

在运用权威影响他人时，策略通常可分为两类：软策略和硬策略。

软策略是指那些具有启发性或咨询性的策略。它的影响力主要来自影响者本身的特质和特点（例如诚信和魅力）。如果有人曾经试图通过唤起你的价值观、理想和抱负，来让你做某事，那么他们就是在尝试使用软策略来说服你。

这种启发性的软策略包括使用理性劝说或通过启发性的问询来说服别人。在这种情境下，请求的接收者在决定是否遵从时通常会有一定的自我决断的余地。这是网上最受欢迎的说服技巧之一，从慈善网站试图

引起你的正义感来鼓励捐款（满足你的价值观），到销售豪华汽车时，品牌方承诺实现你的终身梦想（满足你的抱负），无一不是采用这种策略。

咨询性的软策略则要求所有参与特定任务的成员都积极参与。无论是策划一项活动、制定一个策略或进行一次改变，通过在参与的人中灌输一种主人翁精神来发挥作用，这种策略是鼓励合作和提高集体和个人绩效的有效方法。

这种主人翁精神是使用这种软策略的最大亮点之一，因为被要求遵从的人们通常会因为他们的贡献而感到受到了重视。事实上，每一个主流的社交媒体平台都依赖于这种方法——它们只有在其成员愿意以一种社交合作的方式创建、分享和互动内容时才能获得成功。

硬策略则是完全不同的一回事。心理学家将其分为压力策略和合法化策略，它需要通过命令和强制手段来确保其他人的顺从，有时这可能会损害甚至完全破坏双方的关系。硬策略的工作原理是依赖于影响者外部存在的社会结构（例如你在组织中的职务）进行说服。

典型的压力策略可能包括要求、威胁、频繁检查或持续提醒。在网上，这种方法最受网络喷子和喜欢公开羞辱别人的人的喜欢。同时，这也是大多数设备上通知设置的默认行为。手机上频繁持续的提醒，会让你感到压力从而不断地查看你的手机。

然而，合法化策略则略有不同，因为它们依赖于社会团体的层级结构才能工作。在这种情境下，如果提出请求的人处于权威地位（例如一个组织的副总裁），他们的级别将赋予他们合法的权力去得到他们想要的东西（他们给你一个命令，你必须遵守）。值得注意的是，尽管这种策略在管理情境中可能有效，但其很少能在网上转化，其原因可能与互联网上人们更加平等有关。

无论是在线上还是线下，品牌都在使用各种权威形象来引导我们采取行动——从身穿白色实验服的女性尝试向我们出售"科学证明"的美容产品，到运动员代言特效减肥药。虽然这些方法在执行方式、可靠性和语气上可能各不相同，但作为一个原则，权威是说服潜在客户购买的非常有效的手段。

操作指南

专家的吸引力

- 展示你的专业知识

互联网上充斥着海量的低质量内容。如果你拥有特定的专业知识或想以独特的视角来传播知识，可以利用一两种媒体（如视频、播客、长篇文章）来传达你的想法。通过展示你的知识，提供经过深思熟虑、有价值和真实的内容，你能证明自己是个与众不同的专家，同时能吸引合适的人前来与你的企业合作。

- 软策略

使用软策略可以通过理性说服来向访客展示你的产品或服务相对于竞争对手的优势。在这种情况下，有说服力的事实、统计数据和有信誉的第三方背书可以鼓励潜在客户进行购买。

- 激励人们

如果你被视为所在行业的意见领袖，可以利用你强大的影响力来引导他人的行为。你可以通过个人魅力亲自要求人们采取行动，无论是通过社交渠道，个性化的电子邮件，还是在会议上（无论是在讲台上还是在茶歇时面对面的交流中）。你还可以在所有你拥有的登录页面上，把自己的大头照、个人签名与行动指示按钮并排放在一起。

- 增加你的个人吸引力

为了增加你的个人吸引力，我建议你提供能广泛流传、高价值的内容，让人们认为它是鼓舞人心和权威的。其中最典型的例子可能是进行TED演讲，但你也可以通过写书、作为著名播客或广播节目的嘉宾出现，或在受欢迎的电视节目上出现，以增加你的影响力（媒体代理可以帮助你参与这些活动）。这不仅能展示你的个性和专业知识，而且还会由于与著名品牌的联系而增加你的权威性，从而受益于光环效应。

商品的稀缺性

购物网站的不断成功和繁荣（从批量折扣到限时促销），不仅反映了消费者行为的转变，还表明了我们对令人兴奋的、不可预测的新事物有着越来越大的胃口。

将商品的稀缺性作为一种有效的营销策略起源于三位心理学家在20世纪70年代通过饼干罐进行的一次有趣演示。他们假装正在进行一项消费品调查，研究人员从两个罐子中为学生提供了巧克力饼干。第一个罐子装得满满的，而第二个罐子里只有少得可怜的几块饼干。尽管这些饼干完全相同，但从第二个较空的罐子中选取饼干的学生报告说，他们的饼干比从满满的罐子中取出的饼干更美味且更昂贵。如果这样一个简单的设置都可以对产品的主观体验产生如此显著的影响，那么难怪这么多的企业都在使用商品的稀缺性来提升他们的销售了。

事实上，在各种琳琅满目的花哨营销技巧中，稀缺性策略是最受欢迎的。作为广告界不变的主题，稀缺性在历史上一直被用来激发我们的欲望，提高产品价值，最终推动销售。在人们尝试接受新技术和新产品时，“物以稀为贵”往往是那个促进销售的神奇魔法成分，尤其是对于那些认为自己“独特”的消费者（你只需要看看Apple的忠实拥趸就可以看到这一策略在起作用）。

无论是将这个原则应用于产品（如“限量版”“售完即止”“每位

用户只限 5 件商品”）还是时间（如“今日结束促销”），稀缺性都可以作为一个强大的工具来引发紧迫感、刺激需求和在几乎任何场合提高销量。eBay 就很好地见证了这一点。如果你仔细观察，你会发现最激烈的竞价战都发生在库存少且有大量“关注者”的单一产品上，并且拍卖的截止日期越逼近就卖得越好。在其他网站上，如奢侈时尚商店 Net-a-porter.com，往往只订购一定数量的库存，一旦售完就没有了，对于稀缺性他们是有意为之。

操作指南

库存紧张

- 使用倒计时

如果你正在推广产品、活动门票或某项服务的特殊折扣，可以在网站上嵌入一个简单的倒计时器，以激发访客的紧迫感。为获得最佳效果，你需要表明在短时间内（24 小时至一周之间）提供限量供应，并通过明确库存是有限的来增强这一做法的影响力。如果正在出售活动门票，可以使用分级系统（例如“超早鸟票”“早鸟票”和“常规票”）并为每个阶段设置一个倒计时，以便为每个临近的截止日期创建一种紧迫感。你还可以进行意想不到的闪销并向现有客户发送电子邮件活动，通知他们这个优惠“仅限 24 小时”。

- 限量销售

虽然我不提倡向客户撒谎或故意设置虚假的库存数，但指出库存紧张的物品（例如“快点！只剩 3 件”）是鼓励人们在错失机会前购买物品的好方法。如果你正在出售限量版印刷品或其他此类产品，请跟踪你还有多少商品，为已售完的商品加上“已售完”的标志，从而传达其稀缺性。

第 14 章
大卖特卖

最好的销售方法不是直接销售任何东西，而是去赢得潜在买家的认知、尊重和信任。

—— 兰德·费什金（Rand Fishkin），MOZ 创始人

品牌信任

如今，驱动消费者行为的根本动机发生了重大转变。我们不仅仅受价格引导，还在购买决策中更多地考虑了品牌的可靠性和可持续性。虽然我们可能认为这种购买习惯只适用于富人，但实际上数据显示，这一趋势比我们想的影响更为深入。尼尔森的一份全球报告发现，来自所有市场（包括发达市场和新兴市场）的消费者越来越倾向于选择可靠的、可持续的产品，而不论他们的收入水平或商品类别如何，甚至在那些比较昂贵、环保性较低的商品类别里也是如此。

在调查中列出的所有可持续性因素中，品牌信任被评为是最重要的，有 62% 的消费者将其列为购买决策的主要因素。在一次采访时，尼尔森公司的高级副总裁卡罗尔·格斯塔尔德（Carol Gstalder）谈到这个发

现时指出，这为各种规模的企业提供了“与年轻的、社会意识强烈的消费者”建立信任的机会，这些消费者在寻找与他们价值观一致的产品。此外，有 66% 的受访者表示愿意为可持续商品支付溢价，其中 73% 的千禧一代（即 20 至 34 岁的人）和 72% 的 Z 世代（20 岁以下的受访者）最愿意额外支付费用。

这些数字在全球范围内逐年增加。然而，越来越多的证据表明，只有消费者认为企业的社会责任（CSR）战略是真实的，才会影响他们的消费行为。可以肯定的是，无论你对可持续发展的兴趣是意识形态上的还是商业上的，现在都是审视你在可持续性上做得如何，以及怎样才能做得更好的时候了。

可靠性在高价值购买中也扮演着重要角色。从钻石到汽车，我们现在可以在线购买各种高端商品。但是奢侈品市场尤其容易受到假货的影响，因此消费者希望在此类交易中规避风险。有几种简单而有效的方法可以降低客户的风险感知。比如被认可的可靠性标志、第三方奖项、退款保证和推荐证词等都可以传达公司的可信度，产品评论也可以提供一些急需的信誉保证。

产品评论

就评论的质量而言，我们不需对所有评论都一视同仁。在信息过载严重的情况下（基本上包含你能想到的任何电子商务网站），我们倾向于依赖启发式方法来理解信息。例如，在 eBay 上，当产品价格较高时，我们倾向于选择那些具有众多评论（但评价不一）的卖家，这很可能是因为我们将评论数量视为做判断所需的代表因素。另一方面，对于价格较低的物品，我们的风险感往往较低，因此我们不需要像选择贵重物品时一样依赖评论作出选择。

一项大规模的研究在亚马逊上也发现，销售额增加与评论的总数之间存在正相关关系，而无论内容或评价是否是正面的（即具有数百条评论的物品比只有 10 条评论的相同物品被认为更好）。然而，当涉及正面的星级评价时，仅仅评级本身似乎并没有增加销售额。在这种情况下，影响转化率的是评论的内容。这可能是因为我们对什么构成五星评级有不同的看法，而评论的书面内容能提供比任何单一定量的数字更丰富的信息。

此外，尽管评级本身似乎没对销量产生显著影响，但星级评级的上下浮动对销售确实有影响，这意味着星级评级的价值实际上是相对的，而不是绝对的。鉴于负面评论对销售的影响往往比正面评论更大，一切归根结底都归结于可靠性和信任——如果我们看到一个产品只获得五星评价，我们可能会有所怀疑。那么，能够传达物品价值和可靠性的最佳评级是多少呢？在联合利华进行的另一项测试星级评价的研究中，他们发现 3.9 或以上的评分对销售产生积极影响。实际上，3.8 或更低的评分产生的转化率要低于根本没有评分的情况，因此如果你的评分低于此数字，还不如删掉那些评分。

然而还有更复杂的。在浏览产品时，评论者的特点也会影响消费者的行为，且往往比评论内容本身对购买意图产生更大影响。评论者的个人信息，包括姓名、照片、性别、位置和兴趣，可能有助于指导客户决策，正如你想的那样，客户对评论者的认同程度越高，购买产品的可能性就越大。不仅如此，评论的语言特性（如语气和方言的使用）也可以提高转化率，特别是当评论是积极的且语言风格与用户对该产品类别的期望相匹配时。例如，如果某人在评论一本心理学的书时用了“认知偏见”“卡尼曼”“心理测量学”等词汇，该评论可能会更受重视。有趣的是，个人撰写评论的意图也可能受到其个性的影响。有责任心的人往往更具合作性、自我激励和成就取向，因此更有可能积极地做出贡献。另一方面，情绪稳定性得分较低的人更有可能不写评论，尤其是在系统界面复杂的情况下。鉴于产品评论通常会增加销售，如果你希望客户留下反馈意见，可以采用更多合作方式，以鼓励有责任心的个体做出贡献。

如果价格合适

无论你是想购买一把古董吉他，点一份外卖，还是送花给母亲，都可能会倾向于上网来购买这些东西。亚马逊等电子商务平台已经提升了我们对于便利性、易用性和客户服务的期望，尽管这种高水准的服务可能会损害企业利润，但我们仍然希望其他企业效仿，并遵循同样的高标准。在条件如此之高的情况下，你该如何在增加销售额的同时不摊薄利润呢？

企业在试图增加利润时通常会采取两种方法。第一种是削减成本，第二种是通过增加产品的附加功能或提高质量来增加产品的价值。如果你已经在狭窄的利润空间内运营，这两个选项都不会提供可行的解决方案。然而，你可以使用其他策略。虽然你可能认为降低价格会增加销售量，但在某些情况下，采取相反的方法可能会更加有效。例如，在斯坦福大学和加州理工学院进行的一项功能性磁共振成像研究中，参与者被告知他们正在品尝两种不同的葡萄酒（一种价格为 5 美元，另一种价格为 45 美元），而实际上他们喝的是同样的葡萄酒。研究人员发现，当参与者以为自己在喝更昂贵的葡萄酒时，大脑中负责体验愉悦感的部分有更剧烈的活动。如果一个物品的价格可以改变人们对其价值的感知和主观满足的体验，那么你可以合理地期望用户会从价格较高的产品中获得更多愉悦感——如果适当运用，这种策略可能会在长期内提升销售额。由于价格是价值的一个相对抽象的表现，其定位也会对销售产生影响。例如，假设你正在以每月 60 英镑的价格出售一个无限课程的瑜伽会员资格。作为一个独立的数字，这可能看起来相当昂贵。然而，如果你重新包装信息，并说“无限瑜伽课程的价格相当于三个比萨饼”，那么不仅会为客户提供一个具体的比较，以衡量物有所值，还会触发他们围绕健康与不健康行为的认知，鼓励他们在享受美食时也做些瑜伽。

你还可以通过将价格调整得更优惠来改变人们的价值观。例如，如果通常每包饼干售价 1 英镑，你可以发布一则广告，上面写着“10 包饼干只需 10 英镑”。这不仅听起来像是一个更好的交易（用户可能觉得他们获得了更多实惠），而且还会将他们的价值锚定在一个更高的价格点上，鼓励他们购买比他们本来可能购买更多的产品。另一种重新定位价格（并以低价为锚点）的方法是提及其每日等价，这被称为“一天一分钱”定价策略。这意味着，你可以将健康保险的价格从 361.35 英镑 / 年改为仅需 0.99 英镑 / 天。你甚至可以进一步将价格与日常开支（如一杯咖啡）进行比较，以产生类似的效果。

锚定

在前面我们已多次谈到锚定原则，现在我们更详细地探讨一下锚定。请想象一下，我们正在玩一个幸运之轮游戏。我旋转它，它停在数字 65 上。现在，请猜一下联合国中非洲国家所占的百分比。你脑海中出现一个数字了吗？在这种情况下,你的猜测很可能会在 45% 左右。然而，如果幸运之轮停在数字 10 上，你的答案很可能会低得多，大约在 25% 左右。为什么呢？因为在没有可验证的信息的情况下，我们在做决策时只能依赖随便一猜。在这种情况下，你脑海中跳出的第一个数字往往取决于幸运之轮的停留位置，这将影响你的猜测是高于还是低于正确答案（正确答案为 28%）。此类评估会受到我们接触到的第一个信息（锚点）的严重影响，即使那个参考数字是随机且毫无参考意义的。较高的锚点将引导你选择较高的数字，而较低的锚点则相反，这一现象对开放性得分较高的人影响尤其明显。

在网上，我们愿意为某物支付的金额也会受到这个原则的影响，特别是如果我们在产品页面上看到的第一个数字就让我们对一个高价位产生锚定效应。如果你想利用这种效应，就必须选择最佳的策略来筛选产品，以便将高价位的商品显示在页面前面。例如，我的一个客户希望提升其一系列护发产品的销量，但当我们查看其产品页面时，我们发现这些商品是按字母顺序列出的，这往往意味着用户的锚定价位较低。经过多次测试，我们发现按受欢迎程度对产品进行排序会产生更高的锚定效应，在接下来的几个月中，这些更昂贵的产品的销量（以及该类别的整体收入）确实有所提高。

在拍卖网站上，这个原则同样效果显著。在 eBay 上销售物品时，针对同一件物品，设定较高的保留价（高锚点）的卖家会比设定最低出价（低锚点）的卖家收到更高的最终竞标价。有趣的是，当卖家同时提供较高的保留价和较低的最低出价时，保留价对最终结果的影响更大，能推动最终竞标价的价格上升。值得注意的是，在没有这些锚定点的情况下，早期竞标者可能会认为缺乏卖家提供的参考价格的产品价值较低。

即使锚定价格与所讨论的物品只有很小的（甚至没有）关系，这种效应也可能产生影响，就像以下的研究所示。早在 2004 年，在佛罗里达州西棕榈滩的一个摊位上，两名研究人员开始以任意价格出售 CD，每隔 30 分钟左右，他们让旁边的卖家轮流将一件摆出来展示的卫衣的价格调整为 80 美元或 10 美元。他们发现了一个非常显著的现象：当卫衣定价为 80 美元时，人们愿意为 CD 支付更多的费用。通过在摊位旁边简单地设置一个高锚点，研究人员成功地提高了 CD 的销售价格。类似的效应也在薪资谈判中存在——起始要求的薪水越高，最终谈妥的薪水也越高，这就是为什么率先提出价格可能会在谈判中占上风的原因。

在零售环境中，当价格是准确数字的时候，用户更有可能相信物品的真实价值被准确地反映在价格中。这在一个研究中得到了很好的证明。研究参与者被要求估计一台电视的价值，同时电视上带有零售建议价，标签上写着 4988 美元、5000 美元或 5012 美元中的一种。根据所看到的价格，参与者通常会猜测电视的真实价值更接近 4988 美元或 5012 美元。然而，当他们看到整数的 5000 美元价格标签时，他们更有可能怀疑电视的价值要低得多（在下一章中将更详细地讨论这一点）。

甚至在我们潜意识里接触到数字时，锚定效应就能影响我们的决策。在一个特定的实验中，参与者被要求评估一台售价 69.99 美元的相机的昂贵程度。在看到价格之前，他们会在 15 毫秒的时间看到一个价格，要么是一个高价位范围的数字（85 美元到 99 美元），要么是一个低价位范围的数字（15 美元到 29 美元）。虽然这些数字的闪现速度很快，以至于人们无法有意识地察觉到它们，但那些被低价范围数字闪过的参与者对相机的估价比闪过高价范围数字的人更高。

如你所见，我们对锚定数值有着非常敏锐的感知，这就是为什么很多企业竭尽所能地要利用它们。其中有一种方法是将购买的总费用分成多个部分，这种技术被称为分割定价。通过这样做，可以将用户的锚定点锚定到较低的基准价格，而不是锚定到真正的价格，这意味着当买家用这个价格与竞争对手的价格进行比较时，它看起来更便宜。当然，这个方法通常只在短期内有效，或者在一般情况下，在运费、海关和处理费用是分开处理的时候才有效。

亚马逊等平台就巧妙地利用了这一原则，它们通过列出产品基本成本，然后提供多种价格的运送选择，使用户感觉自己有自主权，即使（在许多情况下）这意味着要支付超过原始价格的费用。当然，他们还利用了我们对隐藏费用的厌恶，以鼓励用户购买 Prime 会员，该会员提供了一年内无限制的“免费”运送。

一些不太负责任的企业会通过在产品附近随意放置一个大的数字而非具体价格来将用户的锚定点设得很高。比如将标语横幅设计为“本周发货 12,586 件！”或者做一个弹出窗口，邀请用户“加入超过 83,486 名满意的客户”的俱乐部。然而，更常见的情况是（尤其是在展示 SaaS 产品和会议门票时），企业会在页面上把各种选项排成一排，把最昂贵的项目放在最前面。

在促销期间，可以将这种锚定效应与减价技巧结合在一起，将原始的划去价格放在左边，然后将折扣后的价格放在其后。这种方法通过将用户的锚定点设得很高，让现在优惠的价格变得更容易感知，从而促进销售。

诱饵效应

如果不提及诱饵效应，我们这个讨论定价的章节就称不上完整。诱饵效应被定义为“为了改变某个选项吸引力过于集中而人为添加的替代选项”，是一种有意在现有的两个选项中引入第三个选项（诱饵）以改变用户偏好的手段。

这个原理在丹·艾瑞里（Dan Ariely）教授的书《谁说人是理性的》中得到了说明。在浏览《经济学人》杂志的网站时，艾瑞里偶然发现了一组奇怪的订阅选项（见下图）。他对为什么选项 A 会提供一个看起来多余的印刷版（售价 125 美元）的选项感到好奇，显然更合理的做法是用相同的价格购买印刷版 + 在线版套餐。

表 14-1 诱饵效应

选项 A			选项 B		
订阅内容	价格	选择比例	订阅内容	价格	选择比例
在线版	59 美元	16%	在线版	59 美元	68%
印刷版	125 美元	0%			
印刷版 + 在线版	125 美元	84%	印刷版 + 有线版	125 美元	32%

为了弄清楚情况，艾瑞里设计了一个调查，看看他的学生在看到上述订阅选项时会选择哪个选项。他将学生分为两组，第一组提供了所有三个订阅选项(选项 A),第二组只提供了两个选项(选项 B)。结果，当提供所有三个选项时，第一组中有 84% 的学生选择了“印刷版 + 在线版”,16% 的学生选择了仅“在线版”,没有人选择了中间的“印刷版”选项。然而,在第二组中,只有 32% 的学生选择了“印刷版 + 在线版”,其他 68% 的学生选择了“在线版”。结果表明，通过在列表中添加第三个不相关且较差的选项，就能产生非常可观的收入（列有三个选项的 A 计划收入为 11,444 美元,而仅提供两个选项的 B 计划收入为 8,012 美元)。

这表明，如果你想影响用户的比较过程，只需在现有选项中添加第三个较差或无关的选项，就可以在很大程度上提升特定产品或服务的销售。

只有工作，没有娱乐

当下许多人上网购物仅仅是为了追求乐趣，人们的购买行为也越来越受到网站趣味性的影响，然后才是安全性和实用性等因素。商业经济学领域的研究显示，我们不仅喜欢有趣的网站，我们还乐于在这些有趣的网站上消费。那么，趣味性到底如何影响我们的购买行为呢？这就要谈到神经化学中的奖励机制了。正如我们之前探讨过的，大脑中的多巴胺系统是推动冒险和寻求奖励行为的主要力量之一。它可以被各种各样的事物激活，比如药物、金钱、漂亮脸蛋和炫酷跑车，甚至一个有趣的漫画都可以让我们释放多巴胺，这也可以解释为什么搞笑视频总是能病毒式传播。正是我们内在的这种寻求奖励的驱动力，促进了社交游戏的广泛流行，也为那些资金充足的品牌带来了新的收入来源。2011 年夏天，社交游戏制造商 Zynga 与联合利华合作，为中国的开心农场（FarmVille）游戏玩家创建了一个虚拟的力士（LUX）幻想庄园。仅限一个月，玩家们可以与该品牌的代言人舒淇互动，并通过使用虚拟货币购买虚拟美容产品来使他们的农场更具吸引力。这听起来可能有点疯狂，但在中国、美国和日本等社交游戏最流行的国家，品牌方使用这些渠道来吸引潜在客户，是能够推动销售且吸引到更广泛的消费者的。

如果社交游戏对你的品牌来说并不合适，不用担心，还有其他方法可以在平台上和用户进行有趣的互动。我见过的最聪明的方法之一是由 Olapic 公司策划的，这是一家用用户在社交媒体上使用的图片取代品牌图库的公司。通过鼓励客户参与，Olapic 从各种社交平台收集图片，并挑选出最适合品牌特定用途的图片（他们通过人工编辑和策展算法的组合进行选择）。根据其联合创始人波·萨布里纳（Pau Sabria）的说法，这种方法证明了来自用户的真实的图片可以增加销售。而且由于大约 70% 的客户同意将他们的照片展示出来，这能激励到任何品牌，无论大小，他们都应该让呈现出的内容更加真实且以客户为中心。

操作指南

提升你的基线

- 重塑标价方式

通常情况下，人们很难确定一个产品或服务的真实成本，尤其是面对不熟悉的产品的情况下。你可以通过以人们熟悉的概念来重新塑造你的价格概念（“每天只用一杯卡布奇诺的价格，保障终身健康”），将价格显示为优惠（5个只需5英镑），或者将其描述为每日等价（361.35英镑/年变成0.99英镑/天）来增加此类商品的销售。

- 锚定效应

在大多数情况下，你可以通过锚定较高的数字来增加销售额。你可以通过先列出较昂贵的产品，并使用弹出窗口或横幅广告来预先引导访客（例如，“加入53,689名订阅者的大家庭”）。如果你要打折，可以将原始的建议零售价放在左边，然后再列出现在的销售价格，以增加折扣的感知幅度。

- 降低锚定

为了让基准价格看起来比竞争对手更有吸引力，你可以尝试使用分区定价策略，将购买的总成本分成不同的部分（例如商品、运费、关税）来降低锚定。

- 诱饵效应

如果你正在提供两种产品（A和B），并且想增加特定产品（B）的销售量，可以引入一个多余的选项（C），该选项要比你想销售的项目（B）更不吸引人。

- 产品评价

一般来说，针对某个产品的评价数量越多，人们对该产品的看法就越正面。如果你想收到更多的评价，可以通过电子邮件或社交媒体活动鼓励现有客户为他们购买的产品留下诚实的反馈，并鼓励他们使用与产品类别相关的描述性、情感丰富的词语。

- 个性化互动

我们往往会相信与我们最相似的人，因此如果你与客户建立了良好的关系，邀请他们填写一份客户个人资料会非常有用。如果他们愿意公开分享个人信息（例如照片、兴趣和性别），当他们留下评价时，其他志同道合的访问者更有可能对他们的评论产生共鸣和信任，从而有助于促进销售。

- 增加趣味性

你可以通过给网上内容和活动添加一些趣味性来使其更有趣（除非你的品牌不适合添加趣味元素）。除了能搏用户一笑，这种方法还可以为商品增添个性化的意义，从而提高它们的感知价值和人们愿意为其支付的金额。

- 使用真实照片

在可能的情况下，尽量使用产品在实际生活环境中拍摄的照片，无论是用户在街上穿着的服装，还是在某人的客厅里摆放的设计师台灯。你可以在画面中尝试加入宠物、食物、花卉和其他日常用品，使你的图片更自然。

- 与用户合作

许多用户都愿意与他们喜爱的品牌合作，你可以利用这一点来进行营销。如果你没有庞大的预算，可以举办一场比赛，邀请用户发布使用你的产品的照片，并附带特定的标签。你可以为参与者提供特别奖品和优惠（请确保你在图像版权上符合法律条款）。

- 社交化

举办由用户生成内容的活动往往具有更广泛的影响力，因为它本质上是社交性质的。我们都喜欢被特殊对待且受人欢迎，所以如果你能够在你的网站上或广告中展示客户的风采，他们肯定会愿意将其告诉他们的朋友（这意味着为你带来更多的潜在客户）。

- 互动性

如果你正在销售实物产品，你应该在缩略图旁边使用可以放大的、高分辨率的产品照片，你还应该测试互动视频和 360 度全景图片对用户行为的影响。

互动服务

无论你的受众在哪里（本地还是全球），人们在接受客户服务时都喜欢目的明确、连续且有用的互动。在电子商务环境中，这包括退货政策、付款政策、销售建议、运输选择、常见问题解答部分、税务信息以及任何处理费用。

操作指南

人们想要与真实的人交流

- 提供联系方式

客户越容易联系到你，他们的体验就会越好。无论你提供实时聊天服务还是一系列更传统的联系选项（电子邮件、电话号码、邮寄地址），你的联系页面应该清晰、完备并且易于被找到。

- 社交媒体

我们都清楚，当产品或服务出现问题时，客户通常会转向社交媒体（尤其是推特）来发泄情绪或寻求问题的即时解决方案。

由于很多人将社交渠道作为客户服务平台使用，积极参与社交媒体对话和进行社交媒体监听是至关重要的。通过这种方式保持联系，你不仅可以及时解决潜在的问题，还能与积极的评论互动，从而培养与客户更紧密的关系。有很多工具可以帮助你做到这一点，但无论你的方法如何，你的回复应该迅速，并且带有个人化、人性化的风格。

第 15 章
价格与价值

人们对于损失和收获的态度与感受并不一致。所以当我们失去 1 万美元时，我们感受到的痛苦要比获得 1 万美元时的快乐强烈得多。

——丹尼尔·卡尼曼，心理学家

厌恶损失

正如本书前面谈过的，我们享受的许多事物（金钱、跑车、豪宅）都通过刺激大脑中的奖励系统来给我们带来愉悦。那么反过来，失去这些东西难道不会让我们感到痛苦吗？

在 20 世纪 70 年代进行的一项具有开创性的研究中，行为经济学家卡尼曼和特沃斯基（Tversky）提出了著名的“损失感比收获感更强烈”这一观点。这个观点表明，相比于获得等额收益，我们更倾向于避免损失，这意味着和我们最初得到它时相比，当我们选择放弃某个物品时，我们会心理赋予它更大的价值。想想你拥有并喜爱的东西——可能是一块漂亮的手表，你在蜜月时买的小饰品，或者是你祖母为你编织的旧毛衣。你记得最初花费了多少钱去买它们吗？现在，想象一下如果你必须立即卖掉它，你能接受的价格是多少。

在大多数情况下，人们给出的第二个数字通常比第一个数字大。事实上，研究发现，平均而言，如果要求我们卖掉一个物品，我们会要求原价的两倍——这意味着在某个时刻，我们已经赋予了它额外的价值。这被称为“禀赋效应”（我们因为拥有过它而赋予它更多的价值），与“现状偏见”（我们对当前状态的偏好，与之偏离则被视为损失）相关，相比我们尚未到手的物品，我们对已经拥有的物品赋予了更高的价值，这对我们的购买行为产生了一些影响。

付款痛苦

如果我们“失去”的东西是金钱本身时会发生什么？事实证明，这种体验非常痛苦。实际上，付款的痛苦是电子商务普遍面临的最大挑战之一，这也可能解释了为什么人们在选择健身俱乐部和水电费等服务的固定费率付款计划时，即使只是改成按（次）量收费时就会感觉在节省金钱。

中间货币和替代货币的流行也是基于这个原理。无论是我们在飞行中获得的空中里程，还是我们在游戏和应用程序中用来支付虚拟物品的虚拟货币，它们的出现是为了商家能掩盖付费这件事给消费者带来的痛苦，在消费者和真实货币之间增加一个中间货币就可以显著降低他们对掏钱这件糟心事的判别能力。

但是为什么这种方法如此有效呢？在决定购买什么时，我们下意识地权衡了消费的愉悦和付款的痛苦，当我们购买价格昂贵的产品时，我们的大脑中会发生非常特别的反应。功能磁共振成像研究发现，价格过高的产品实际上会在脑岛区域引发活动，这个区域被认为与身体疼痛有关。这意味着，无论是有人掐你，还是向你要五英镑，你的大脑都会以类似的、疼痛诱发的方式作出反应。有趣的是，这种痛苦反应在不同人之间可能会截然不同，一些人（在研究中被描述为“吝啬鬼”）会比其他人（“挥霍者”）体验到更大的痛苦。然而，通过简单地重新定义物品的成本，例如措辞从“£6 的费用”改到“小小的 £6 费用”，可以显著降低“吝啬鬼”的痛苦。

使用恰当的描述并不是减轻支付痛苦的唯一方法，另一个关键因素是支付方式。我们许多人本能地知道，支付方式越抽象，我们的不适感越低，从而购买决策就越冲动。这对于更感性、更富有享乐主义的购买决策尤其如此（比如你肯定知道早上会后悔昨天的深夜烤肉），如果用现金支付而不用信用卡支付，无疑会倍感痛苦。

这就为虚拟支付提供了一个有趣的心理学案例，无论我们所购买的产品是什么，只要没有亲眼看到花钱这件事，我们就很容易地自欺欺人地认为我们根本没有花任何钱。

这就是为什么从餐厅菜单中删除货币词汇和符号（如“英镑”或“£”）可以显著增加收入的原因。现在许多高档餐厅都在广泛采用这种方法，该方法使用“24”之类的极简价格代替之前更明确的如“£24.00”这样的价格标签。通过省略货币符号和小数点，故意将用户的注意力引导到食物上，而不是价格上，从而降低了支付的痛苦。也正是因为这个原因，通过信用卡、借记卡或像 PayPal、ApplePay 和亚马逊式的一键结账这样的服务来收款，可以成为减轻支付痛苦和提高销售的非常有效的手段。

许多企业还通过给用户提供分期付款的选择来减轻支付的痛苦，这样一笔最初价值 399 英镑的餐费就变成了每月 99 英镑的五次轻松付款（附加费为 96 英镑）。尽管从理性的角度来看，这不是一笔好买卖，因为我们会下意识地处理和比较参考价格（399 英镑与 99 英镑，而不是一次性付 399 英镑与分期付 495 英镑），大脑可能会被欺骗，以为自己发现了一个大便宜。当然，你也可以采取相反的方式，通过提供折扣来奖励那些一次性支付全款的客户。

折扣和奖励

虽然我们可能认为提供“前两个月 50% 折扣”的订阅和“买一个月送第二个月的折扣”是相同的，这本质上没有错，但实际上大多数消费者更喜欢以奖励的形式呈现的优惠（“买一送一”）。正是这种“非数学性”的理由，让我们无法看到针对一款 50 镑的水壶来说，20% 折扣与 10 英镑折扣之间是等价的。尽管这两种折扣在数学角度上是相同的，但我们大多数人会更喜欢 20% 的折扣。

这可能看起来是非理性的，但事实上，我们的大脑正在为这个难题应用一种快速的逻辑，将更大的数字视为更大的折扣。那么我们在定价策略中该决定采取哪种方法呢？市场营销教授乔纳・伯杰（Jonah Berger）建议应用“100 规则”。如果价格低于 100 英镑，使用百分比折扣（例如“折扣 20%”）。如果价格超过 100 英镑，改用绝对值（例如“折扣 20 英镑”）。这个简单的规则意味着在各种情况下，你都能使用数字更大的折扣，从而欺骗大脑，使其认为捡到了更大的便宜。考虑到相比让步，我们更喜欢奖励和增值，如果可能的话，最好避免使用“折扣”一词，如果非要使用它，最好用理由加以限定。例如，如果正在进行季末促销，可以提供销售价格、折扣和原因，如“只卖 185 英镑（折扣 55 英镑——季末甩卖）”。

优惠的规模也会影响销售，促销活动的媒体载体也会对结果产生影响。在最近一项关于洗衣产品定价的研究中，联合利华（Unilever）研究了不同折扣水平的价格促销对销售的影响，其中既有媒体扶持（如横幅广告）也有无媒体的情况。尽管他们发现在最高折扣水平（例如“半价”）下，“无媒体”条件最有效，但当添加了媒体因素时，较小的折扣水平受益最大。事实上，通过媒体发布的低水平折扣（例如多买优惠，如“2 件 4 英镑”）实际上在推动销售方面效果最好。这意味着，在适当的传播方式下，即使是相对较低的折扣水平也能吸引购物者。

吸引力定价攻势

多年来，电子商务界一直陷入了吸引力定价的魔咒中，任何商品都以 9、95、98 和（最著名的）99 的价格结尾。虽然没有人确切知道它是如何开始的，但这种方法的神秘力量已经被充分记录下来，企业几十年来一直在利用这个原则来推动销售并吸引新客户。现在，心理学家正在揭示为什么这些数字如此令人难以抗拒。

2003 年，美国研究人员安德森（Anderson）和西默斯特（Simester）决定测试 9 美元的吸引力。如果某件连衣裙的价格以 9 结尾，与其他任何数字结尾相比，是否真的会有更多人购买？为了找出答案，他们与两家全国性的女装邮购公司合作，进行了一项有趣的实验。

他们改变了四条连衣裙的价格，并向全国各地的用户发送不同版本的邮购目录。当订单开始涌入时，结果确认了研究人员长期以来的怀疑。每一件连衣裙都是在以标签结尾为 9 的情况下售卖得最好，即使这个价格比其他价格更贵（见下表）。

表 15-1　9 美元的吸引力

价格	销量
74 美元	15
79 美元	24
84 美元	12

那么，到底发生了什么？虽然我们可能已经将以“9”结尾的数字与特价商品和打折价联系起来了，但更近期的研究表明，罪魁祸首实际上是狡猾的左位数字。例如，假设你想买一桶意式冰激凌，并且必须从两个选项中选择一个。£3.60 和 £3.59 之间的一分钱差异不太可能影响你的决定，但如果差异是在 £4.00 和 £3.99 之间，你更有可能被后者所说服，为什么呢？

这一切都归结于我们的大脑如何理解数值。尽管我们总自认为我们是有逻辑的，但我们理解数值的过程是快速且下意识的，实际上，我们在完成阅读之前就已经处理了数字的大小。在实际操作中，这意味着我们通过第一个读到的数字（£3）来解释价格的大小（£3.99），这会将我们对价值的感知锚定在最左边的数字上。这给了我们一种直觉（认知感觉），即 £3.99 的价格一定比 £4.00 便宜得多，尽管实际上这点差异微不足道（你还可以通过缩小小数点后的两个数字来在视觉上强调这种效果，使 £3.99 变为 $£3.^{99}$）。

流畅性

上述方法之所以奏效，是因为它利用了我们头脑对数字处理的流畅性偏好：我们越容易计算出两个价格之间的差异，就会认为差异越大。这就是为什么 £5.00 和 £4.00 之间的差异感觉比 £4.97 和 £3.96 之间的差异要大，尽管实际情况是相反的（£1.00 对 £1.01）。你可以通过在定价中使用整数的数字（例如将价格调整为 £39，而不是 £38.95）来最大限度地提升消费者对打折优惠的感知。

除了数字本身，物品的发音也会影响我们对价格的判断，这就是为什么易于发音的产品在短期内往往表现得比那些难以发音的产品更出色（这种效果甚至在现实世界的股票市场中也有所体现）。这个规则同样适用于定价，当我们阅读一个数字时，我们的大脑会下意识地将其编码为听觉形式（就像大声朗读一样）。实际上，研究发现，价格的音节长度越大，我们感知到的数量就越大，即使在书写时它看起来与另一个类似的数字长度相同（例如 £79.99 对 £80.10）。由于我们需要更多的思考来处理音节更长的价格，我们的大脑会错误地认为这个价格本身更高。这也解释了为什么从价格中去掉逗号会让用户认为这个数字更低，因此许多电器

商店的定价方式是 £1399（读作“thirteen ninety-nine”），而不是 £1,399（读作“one thousand three hundred and ninety-nine”）。在没有对价值的内在准确理解的情况下，正是这些启发式方法指导了我们的决策。

一致性

价格显示的字号大小也会影响我们对价值的感知。这种效应在下面这个实验中得到了充分说明。实验中，一组人被要求判断一双溜冰鞋的折扣价格大小。一半的参与者看到原价以较大的字号显示，折扣价格以较小的字号显示，另一半则相反。

尽管这两组价格在数值上是相同的，但看到小字号的折扣价格的那组人普遍认为折扣价格更低，有更大的购买意愿。为什么呢？因为折扣价格在数值上和视觉上都更小，信息更一致，所以让人感觉更划算。有趣的是，当被问及他们的决策过程时，大多数参与者表示字号大小根本没有影响他们的判断，可见我们的潜意识是非常容易受到影响的。在进一步的测试中，这种一致性效应甚至延伸到了伴随折扣价格的语言。尽管参与者认为溜冰鞋的“低摩擦”和“高性能”同样重要，但当研究人员将这些描述词与价格一起进行分组测试时，他们发现当低价格伴随着“低摩擦”一词时，参与者的反馈会更加积极。

整数 vs 精准数字

正如之前所提到的，数字的精准度和是否为整数也可以影响我们的选择。例如，研究发现，我们会错误地认为精确的价格（如 £495,425）的价值低于类似数量级的整数价格（如 £495,000），这可能是因为精确的数字更加复杂和不常见，因此更难处理和量化。由于我们在处理小数值（如 1、2、3）时倾向于使用精确的数字，我们也将精确与较小的值联系在一起，这就是为什么当价格是精准数字的时候，我们通常会愿意为昂贵的商品买单。

要决定采取哪种定价策略（整数还是精确数字），你首先需要确定你的客户正在进行何种类型的购买行为。如果购买是感性的（例如，为家庭度假购买相机），他们更有可能受到整数价格的影响，而理性的购买（例如为工作项目购买相机）则是另一回事。这是因为我们对整数的数字处理速度更快，给人一种价格合适的感觉，而非整数（不流畅）的数字需要更多的思考，因此更适合理性的购买。尽管如此，在评估价格时，我们倾向于认为整百整千的价格（如 £10、£100、£1000）是被人为地提高了，因此即使在感性背景下销售产品，最好也避免使用这种定价，直接省略小数部分就好了。

操作指南

用数字说服别人

- 不要错过

我们往往对能让你避免损失的交易最感兴趣。因此，如果你正在销售可以为人们省钱的产品，例如汽车保险，请不要告诉客户他们可以通过转投你的保险每年节省 300 英镑。相反，要告诉他们继续使用他们当前的保险每年会损失 300 英镑。

- 付款痛苦

支付金钱是痛苦的。在可能的情况下，我们需要通过重新构建价格信息来减轻“吝啬鬼”的痛苦，从而更容易让他们拿出现金（例如使用“仅 5 英镑”“仅需 5 英镑”“小额 5 英镑费用”类的字眼）。你还可以为客户提供一系列更抽象的付款方式，例如使用非接触式卡片或手机支付、PayPal，或为已经在你那里拥有账户的客户提供一键结账。如果你销售的是高价值的商品或订阅服务，请提供分期付款的方式，并为提前支付全款的人提供奖励（奖金或折扣）。

- **折扣与奖金**

一般来说，我们往往更喜欢得到额外的东西（奖金）而不是得到更低的价格（折扣）。由于大脑并不善于计算，我们很难判断等价优惠的数值价值。比如当一个产品的价格以百分比表示(如£50的水壶打8折，即减20%)，另一个以价格表示（如£50的水壶减价£10，即减£10）时。作为一个经验法则，当销售价格低于£100时，请使用百分比(例如减20%)表示；对于价格超过£100的情况，请使用绝对值折扣(例如减£20)表示。如果用折扣表示，请说明折扣的原因（例如清仓处理）。

- **使用以9结尾的价格**

如果销售中低价位的商品，请使用以9、95、98、99结尾的价格（这被称为“吸引力价格”），可以传达物有所值的感觉。为了最大限度地增强1便士的影响，可以在左位数选择以较低的数字（例如£4.00可以改为£3.99）。

- **零代表奢华**

如果以9结尾的价格表示划算，那么以0结尾的价格可以暗示高质量。使用以0结尾的价格标签（省略货币符号）可以向消费者传达产品或服务的奢华水准的潜在暗示。在这种情况下，除非有特别的需要，否则最好避免使用以9结尾的价格，因为此时使用9可能会损害产品的感知质量和价值，进而损害您的品牌。

- **特价＋9＝利润**

在“吸引力价格”后面加上“SALE”（特卖）标志可以产生

附加效果，进一步提高销售额。例如，一个标有“原价 £88，特价 £79”的商品通常会比仅标有“£79”的商品要销售更多。因此，如果想让用户购买更多的商品，可以将这两种技巧结合使用。

- 保持流畅

处理原价与现价之间的差异越容易，这个差异就会显得越大。为了最大限度地增强销售折扣的感知度，可以在定价中使用整数（例如不要使用 £38.95，而要使用 £39）。

- 一致性

展示销售价格时，可以测试较小的字号对转化率的影响。如果在价格附近使用文字，请确保选择使用与小额意思相一致的词语（例如小、微小、低）。

- 感性与理性购买决策

由于我们能更流畅地处理整数，因此最好在感性购买决策中使用这些数字，以让客户感觉价格合适（例如 £28.76 可以改为 £28）。对于更理性的购买决策，使用带小数的精确数字（例如 £28 可以改为 £28.76）。无论销售什么，都要避免使用整百整千（£10、£100、£1000），因为人们不太信任这些价格。

动态定价

动态定价是一个被广泛使用的术语，用于描述同一产品或服务为不同的用户设定不同价格的做法。这种定价方法可以根据用户的支付能力、购买时间，或由不同的卖家作出的任意决定来定价。这是一种被广泛且成功使用的策略，虽然可以带来积极的结果，但在使用中会存在公平和社会可接受性的区别，以及一些不公平和不道德的手段。

例如，我们已经习惯了航空公司根据我们购票的提前时间为相同的机票设定不同的价格。虽然我们可能不喜欢，但了解游戏的规则会让我们感觉透明和公平。

然而，动态定价也可能会产生严重的负面作用，正如亚马逊在十多年前发现的那样，当用户意识到他们为购买相同的 DVD 付不同的金额时会产生不满。尽管该公司声称正在进行“有限测试”来“衡量价格对用户购买模式的影响”，但许多人怀疑亚马逊正在根据每个人的支付能力使用其购买者的个人资料和浏览行为来个性化定价。

事实上，有报道称，当一名访客删除了标识她为频繁的亚马逊用户的计算机上的 Cookie 时，给她的 DVD 报价从 26.24 美元降至 22.74 美元，差异为 3.50 美元。尽管亚马逊没有承认任何不当行为，但该公司仍发表了公开道歉，并向支付了过高价格的用户提供退款服务。

在商业领域，这种策略被称为价格歧视。通过判断个人的支付意愿，专业的软件可以根据用户的购买历史直接定制报价，从而在价格方面进行歧视。

然而，在网络环境中，动态定价也存在一个例外，可以在财务和情感方面产生积极的结果。如何实现呢？需要通过使用“买方定价”（NYOP）机制。与传统的线下零售设置不同，NYOP 依赖于买家提出初始报价，然后卖家可以根据是否超过或低于预定的阈值价格接受或拒绝该报价。

基本上，这种策略遵循与拍卖类似的规则，其中卖家有权设定保留价。一旦达到，最高出价者中标，同时也为卖家带来了丰厚的利润。如果买家的出价没有达到阈值价格，可以在接下来的回合中修改报价，直到物品被确认购买。拍卖和 NYOP 之间唯一的区别在于，后者类别中的用户之间并没有竞争。在电子商务中使用NYOP策略不仅有利于业主，也有利于消费者。通过向产品提供灵活的定价，你可以有效地触及更广泛的市场——那些之前可能因为价格问题而无法购买的用户现在有了机会，让善于讨价还价的人有机会比没有经验的人更省钱。

这个策略在 2007 年 Radiohead 乐队的营销活动中取得了成功。乐队直接向粉丝提供了以自己定价为基础的最新专辑，省去了中间商和通常伴随重要发布所需的宣传费用。尽管这个策略没有涉及阈值价格，但通过要求粉丝支付他们认为合理的金额，最后每张专辑的平均售价为 8 美元，他们仅在一周内就赚取了约 1000 万美元的利润。其销量超过了前三张专辑发售首周销量的总和。

操作指南

动态定价

- **遵循规则**

如果你打算使用动态定价，请确保以透明、社会可接受和道德的方式进行（即不进行隐秘的价格操纵）。

- **买方定价**

买方定价的好处是你可以为销售的每个商品设定固定的阈值价格。这意味着每个商品都会获得最低利润，从而有助于在长期内减少损失（无论是因为定价过高而使人们望而却步，还是定价过低而无法收回成本）。通过使用低阈值价格，可以吸引低估值的客户，并实现可能错过的销售机会。同样，富有的客户将被更高的阈值价格所吸引，这意味着你将获得比仅使用固定价格更大的利润。由于最终价格始终取决于消费者愿意支付的金额，即使动态定价在起作用，结果通常会被认为是公平的。定价的可变性还使得客户难以使用最终金额来推断所售物品的真实价值。

- **选择适当的阈值**

为了确定正确的阈值价格，您可以选择完全灵活的如 Radiohead 那样的售卖方法，或使用自动化系统根据客户的报价历史将潜在客户分成不同价值层次。

第16章
行为链

许多网络服务能否成功，取决于公司说服用户按照商家的想法去做事的能力。

——弗格（B. J. Fogg）和艾克尔斯（D. Eckles），社会科学家

心理学家为了理解说服力是如何随着时间推移构建起来的，提出了行为链这一概念。这是一个三阶段的策略，可用于实现特定目标。网络营销中最常见的行为链三大阶段是：1）吸引新访问者访问你的网站；2）让他们注册免费试用；3）将他们转化为付费用户。

想让行为链成功，就必须进行仔细规划，并提供吸引人的、结构合理的一系列用户行为流程，然后引导用户一一完成。许多社交平台都在使用这个流程来吸引并维持庞大的会员社区。接下来，我们将探讨它的工作原理，以及你该如何在网上使用它来吸引客户。

第1阶段：发现

用户行为：了解服务内容

行为链的第一个阶段，其目标是让潜在用户了解你的产品或服务。这

可以通过社交媒体、朋友推荐、电子邮件、口口相传、付费点击、其他网站的外链等渠道来完成。尽管所有这些方法都可以有效地吸引新用户，但其中肯定有些方法比其他方法更有效，个人推荐就是最强有力的传播渠道。

除了一般的热议和口口相传，极有可能影响到第 1 阶段成功的因素其实是已经处于第 3 阶段的用户的活动，这也是真正兑现承诺的阶段。处于第 3 阶段的人已经有了使用产品或服务的经验，而且会做出承诺，会创建、上传并共享自己的内容，如果这些内容对现有会员和第 1 阶段的用户有足够的价值，那么就可以作为吸引新人迈出第一步并注册的强有力激励措施（即活跃用户带来新用户）。

用户行为：访问平台

下一步是鼓励人们访问你的网站、应用程序或平台。为了说明这一步，让我们来看看推特是怎么做的。作为主流社交平台之一，它往往被用于寻找新闻并分享有关突发事件的信息，许多人现在会访问推特 .com（该服务的主页），作为非会员，只可以查看当前流行趋势并搜索特定主题。访客通过登录网站并进入第 1 阶段与推特的服务进行互动时，平台会鼓励新用户自己发现平台的价值，促使他们更积极地参与。如果他们决定要参与对话并发推文、分享、评论或关注，那么他们就必须创建一个账户，从而进入第 2 阶段。

第 2 阶段：表层参与

用户行为：决定尝试

在第 2 阶段，遵从性是关键。我们鼓励新用户与平台互动，以便他们发现平台可以满足他们的各种需求。这样做的目的是通过提供一些初始价值来吸引用户并与之建立信任，从而成功地将他们推向第 3 阶段。

尽管这些步骤的推出顺序取决于所涉及的平台，但有趣的是很多成功的企业都在引导用户加入会员之前允许客户免费试用 —— YouTube、Spotify、推特、eBay 和亚马逊都允许人们在注册之前浏览其内容。然而，需要注意的是：与任何新建立的关系一样，在这个阶段，如果想成功地引导用户迈向下一步，建立信任基础是至关重要的。通常在这个时候，许多企业会犯下致命的错误。他们为了短期利益而牺牲了长期目标，在通过空洞的承诺获取人们的电子邮件地址后，将它们用于发送垃圾邮件，泄漏用户的详细信息，或者使他们难以选择退出服务。这些鲁莽的方法会让你在一切还没开始之前就失去了用户。

Pinterest 可以帮助企业充分利用好第 2 阶段的机会。Pinterest 是一个社交平台，允许用户收集和“固定存放”来自网络各处的图像，以创建主题画板。例如，如果你喜欢跑车并且拥有 Pinterest 账户，每当你遇到一张心仪的保时捷或兰博基尼的图片，就可以将其添加到你专门为汽车设立的画板中。Pinterest 不仅对个人有用，对企业也很有价值。许多企业早早看到了 Pinterest 的商业潜力，并且一直在利用这个平台吸引用户尝试他们的产品和服务。如何做到的呢？只需在相关的图像中插入一些他们的产品照片即可。

一个成功的案例是全食超市的页面。全食超市是一家食品零售商，在 Pinterest 上上传了很多食谱、美味的食物和巧妙的制作美食的图片，旨在鼓励人们变得健康和富有创造力。通过成为人们获取与食物相关的灵感的首选去处，全食超市的 Pinterest 页面不仅吸引了很高的流量，还为实体店带来了有价值的客流。通过以这种方式吸引新访客，全食超市让人们在进入商店之前就在心理上植入了其品牌理念。对于现有客户，这种方法还确保全食超市始终保持在人们的首选之列，从而帮助它们在竞争激烈的市场中脱颖而出。

用户行为：逐步深入

一旦吸引新访客来到你的平台，并且他们已经决定尝试你的服务，行为链中的下一步就是鼓励他们创建一个新账户或注册免费试用。通过提供有价值的服务，你可以换取一些用户信息（请注意这里使用了互惠原则），同时你还将获得用户更为个人、直接的联系方式（如电子邮件）。

拿到了客户的信息后，你可以在发消息时使用这些信息来定制个性化的消息。这个阶段非常简单—— 你的注册方式越方便，就会有越多人注册。在这里的标准做法是允许用户使用电子邮件地址或社交媒体资料来登录（通常是脸书、推特或谷歌账号）。然而，正如之前提到的，对于注重隐私的个人来说，使用社交媒体直接登录可能是一个不受欢迎的选择，因此，如果你希望吸引到更多客户，请确保提供其他选项。当然，如果你能够提供足够吸引人的注册激励，那自然大有帮助。一个在这方面做得非常好的平台就是之前我提到过的冥想应用 Headspace。为了吸引新用户，他们提供了一个超值的免费试用，让用户可以在其中进行 10 天的引导冥想。用户可以体验其所有功能，并在完成体验后得到祝贺。这是体现互惠原则的一个很好的例子 —— 通过提供真正的价值（有用的冥想练习）、积极的强化（祝贺用户完成），并邀请用户“继续旅程”（温和的推动），这种愉快和引人入胜的体验成功地降低了购买的门槛，对于一个价格相当高昂的应用程序这尤为有用。

第三阶段：深度使用

在行为链的最后阶段，要鼓励用户采纳新的、长期的行为模式，比如定期购买或成为平台长期用户。

用户行为：创造价值和内容

被他人认为有用或有趣的用户生成内容是最有价值的内容形式。亚马逊已经围绕这一模式开发了整个电子商务平台。通过鼓励客户对他们购买的产品进行评价，该公司设计了一个市场，不仅帮助用户进行初次购买（尝试平台），还提升了网站的实用性（一个寻找有价值信息的地方），并鼓励其他客户进行贡献（共同的互惠原则），从而创造了一个良性循环。另一个有代表性的例子是 TripAdvisor 网站，它通过鼓励会员创作对他人有用的内容并进行奖励，使得评论过程具有了游戏化的特点。它会每月发送极具吸引力标题的电子邮件，比如“猜猜我在哪里度过了美好的假期？”来吸引用户提供评论。这种奖励制度激励着用户参与并分享他们的经验，从而为其他人提供有价值的信息。

用户行为：推广给他人

脸书最初是一个仅面向学生的平台，当最终对全球开放时，人们对它的热情是如此强烈，以至于新用户的激增席卷了整个互联网。虽然这类故事可能并不多见，但如果你想吸引新的访问者来到你的平台，可以通过以下两种关键方式鼓励现有会员去把你的服务推广给其他人：

1. 邀请其他人加入（无论他们是联系人、朋友、关注者、中间人等）
2. 鼓励用户与他们周围的人分享内容和链接

你可以将这两种方法联合使用，以增加成功的可能性。通过鼓励用户创建原创内容，再让其他会员对其进行评论、评分和讨论，这样你可以收获两次流量，一举两得。

用户行为：保持活跃和忠诚

一旦吸引了一群用户来到你的网站，该如何保持他们的活跃和忠诚呢？产品、客户服务和内容固然重要，然而，如果你希望人们持续回访，不仅需要提升品牌知名度（前面全食超市的例子），还需要鼓励并提醒人们定期与你的平台积极互动。

每个社交网络平台和大多数产品或服务都是通过“通知”和“提醒”的功能来实现这一点的，这些功能通常默认情况下是打开的。领英等平台使用电子邮件通知用户时，仅显示部分信息，因此用户必须在回到应用程序内或网站上才能阅读和回复。尽管可能会让人感到烦恼，但这种技术可以有效地确保用户返回平台，从而让用户可以接触到更多旨在加深参与的内容。当然，并非每个人都喜欢这种强制性的遵从，许多用户会完全关闭提醒功能。但错过潜在有价值的信息（例如工作机会）的担忧可能会阻止许多用户不取关闭，但最终，我认为那些邀请而不是强迫用户返回的平台将在长期内获得更大的成功。

操作指南

第一阶段：发现

了解服务内容

如何让潜在用户了解你的产品或服务？你是否积极利用了所有可用的渠道？人们分享你的内容或通过口碑、社交媒体或电子邮件推荐你的服务的动力是什么？你是否使用了 PPC（点击付费）、本地广告或其他形式的营销来帮助人们了解你呢？

访问平台

人们是否能轻松访问你的平台并与之互动，而无须注册？你提供了哪些激励措施来鼓励人们回访？你如何让访客感受到产品或服务的价值？

第二阶段：表层参与

决定尝试

一旦用户访问了你的平台并接触了你的内容和品牌，你如何鼓励他们以更积极的方式参与互动？这可能意味着要采取一些小措施，比如引导其报名参加网络研讨会、下载白皮书或订阅你的通讯。

逐步深入

在与访客建立联系并留下良好的第一印象后，下一步是邀请他们开始实际使用你的产品或服务。可以提供怎样的免费试用，以换取客户的电子邮件地址或社交资料？如何构建价值、互惠、积极且温和的提示，以鼓励他们成为付费客户？

第三阶段：深度使用

创造价值和内容

无论是要求用户发表评论、评分、关注、点赞、点评产品，还是希望用户创作内容与同伴分享，你如何鼓励他们定期地产生贡献？是否已经建立了奖励机制（例如根据提交的评论数量获得积分）来引发和强化这些行为？

推广给他人

如何优化你的内容输出（内容、营销、社交媒体策略），使现有客户感到触动，并愿意与朋友分享你的内容？你是否提供了任何可量化的奖励（例如“你和你的朋友可获得 15 英镑折扣”），以鼓励他们邀请其他人尝试你的产品？

保持活跃和忠诚

一旦客户开始积极使用你的产品或服务，如何鼓励他们更加频繁地参与？可以使用什么样的提醒或通知方式来引导人们，既有用又不会让人感到厌烦？不同的客户群体在被联系的方式（以及频率）方面是否有不同的需求？

后　记

感谢你选择阅读这本书，我们对神奇的在线说服力世界进行了一次有效的探索，我希望你在整个过程中感到兴奋、好奇，最重要的是，能够从中受益。尽管我们不断对技术如何塑造我们的行为方式产生新的见解，但面对这些进展，有一件事是确定无疑的：无论我们如何进步，我们始终会利用技术来满足最深层的需求和欲望。谁能理解这些需求以及背后的驱动因素，谁就将掌握影响力的关键。

然而，众所周知，伟大的力量伴随着伟大的责任。虽然我写这本书是希望它能帮助你实现目标，但与其他所有工具一样，如何使用它取决于你。毕竟，作为营销人员、设计师和开发人员，我们既是未来网络的建筑师，也是用户。所以，我将留给你这个问题……

你想建设什么样的世界？